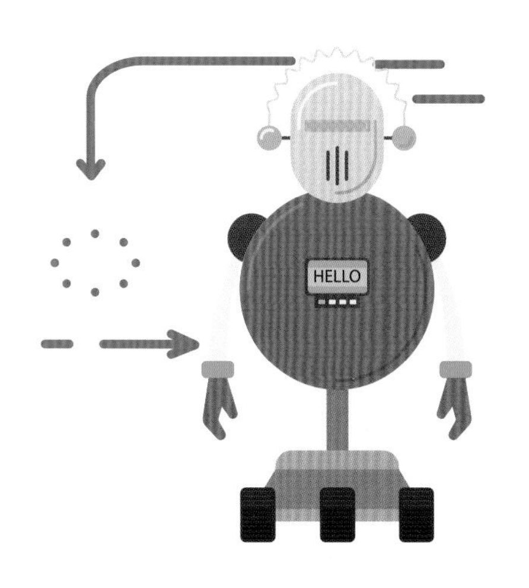

江苏省金陵科技著作出版基金

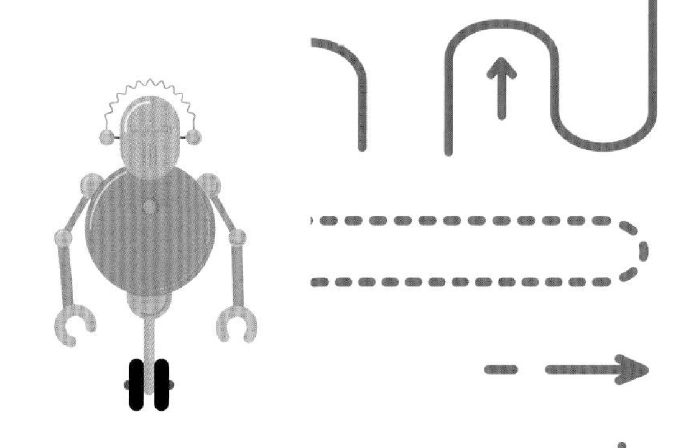

机器人与我们的生活

曹江涛　姬晓飞　李　喆 ◎ 编著

江苏凤凰科学技术出版社 · 南京

图书在版编目（CIP）数据

机器人与我们的生活 / 曹江涛，姬晓飞，李喆编著.
—南京：江苏凤凰科学技术出版社，2021.10
ISBN 978-7-5713-1905-2

Ⅰ.①机… Ⅱ.①曹… ②姬… ③李… Ⅲ.①机器人—
普及读物 Ⅳ.①TP242-49

中国版本图书馆CIP数据核字（2021）第080422号

机器人与我们的生活

编　　著　曹江涛　姬晓飞　李　喆
责任编辑　赵　研
责任校对　仲　敏
责任监制　刘　钧

出版发行　江苏凤凰科学技术出版社
出版社地址　南京市湖南路1号A楼，邮编：210009
照　　排　南京紫藤制版印务中心
印　　刷　江苏凤凰数码印务有限公司

开　　本　890 mm × 1 240 mm　1/20
印　　张　5.6
字　　数　100 000
版　　次　2021年10月第1版
印　　次　2021年10月第1次印刷

标准书号　ISBN 978 – 7 – 5713 – 1905 – 2
本书定价　58.00元

致读者

社会主义的根本任务是发展生产力，而社会生产力的发展必须依靠科学技术。当今世界已进入新科技革命的时代，科学技术的进步已成为经济发展、社会进步和国家富强的决定因素，也是实现我国社会主义现代化的关键。

科技出版工作肩负着促进科技进步、推动科学技术转化为生产力的历史使命。为了更好地贯彻党中央提出的“把经济建设转到依靠科技进步和提高劳动者素质的轨道上来”的战略决策，进一步落实中共江苏省委、江苏省人民政府作出的“科教兴省”的决定，江苏凤凰科学技术出版社有限公司（原江苏科学技术出版社）于1988年倡议筹建江苏省科技著作出版基金。在江苏省人民政府、江苏省委宣传部、江苏省科学技术厅（原江苏省科学技术委员会）、江苏省新闻出版局负责同志和有关单位的大力支持下，经江苏省人民政府批准，由江苏省科学技术厅（原江苏省科学技术委员会）、凤凰出版传媒集团（原江苏省出版总社）和江苏凤凰科学技术出版社有限公司（原江苏科学技术出版社）共同筹集，于1990年正式建立了“江苏省金陵科技著作出版基金”，用于资助自然科学范围内符合条件的优秀科技著作的出版。

我们希望江苏省金陵科技著作出版基金的持续运作，能为优秀科技著作在江苏省及时出版创造条件，并通过出版工作这一平台，落实“科教兴省”战略，充分发挥科学技术作为第一生产力的作用，为建设更高水平的全面小康社会、为江苏的“两个率先”宏伟目标早日实现，促进科技出版事业的发展，促进经济社会的进步与繁荣做出贡献。建立出版基金是社会主义出版工作在改革发展中新的发展机制和新的模式，期待得到各方面的热情扶持，更希望通过多种途径不断扩大。我们也将在实践中不断总结经验，使基金工作逐步完善，让更多优秀科技著作的出版能得到基金的支持和帮助。

这批获得江苏省金陵科技著作出版基金资助的科技著作，还得到了参加项目评审工作的专家、学者的大力支持。对他们的辛勤工作，在此一并表示衷心感谢！

江苏省金陵科技著作出版基金管理委员会

序

随着机器人技术的不断发展，与机器人相关的图书也如雨后春笋般不断涌现，以至于我在给孩子选机器人相关的科普图书时竟然挑花了眼。所以在接到赵研编辑的邀请时，作为一位也算是很早就接触机器人相关技术的专业人士，很干脆地答应了。期间，自己一边写，一边和不同年龄段的人围绕具体内容进行交流，历经两年多的时间，终于完成了撰写，本书得以和广大读者见面。

现在市面上大部分图书提及机器人的时候，都喜欢用“神秘”“未来”“高科技”等字眼进行描述，其实机器人在当下已经逐渐走入人们的生活，开始作为一种辅助工具被越来越多的人接受。为此，本书就从机器人与我们的生活讲起，从身边的机器人讲起，让机器人技术不再神秘，让机器人应用不再高不可攀，未来已来，只待花开。

陪着孩子一起看完最后的通稿后，他说很喜欢里面的内容，看完了也没有感觉累！也许这就是自己真心希望的吧。但愿这本书能够让大家在不知不觉中感受到机器人的温度，在边读边看中享受到机器人在生活中带来的帮助和便捷，也在不断读书的过程中，更加清醒地认识这个瞬息万变而又充满不确定性的世界！

曹江涛

2021 年 4 月

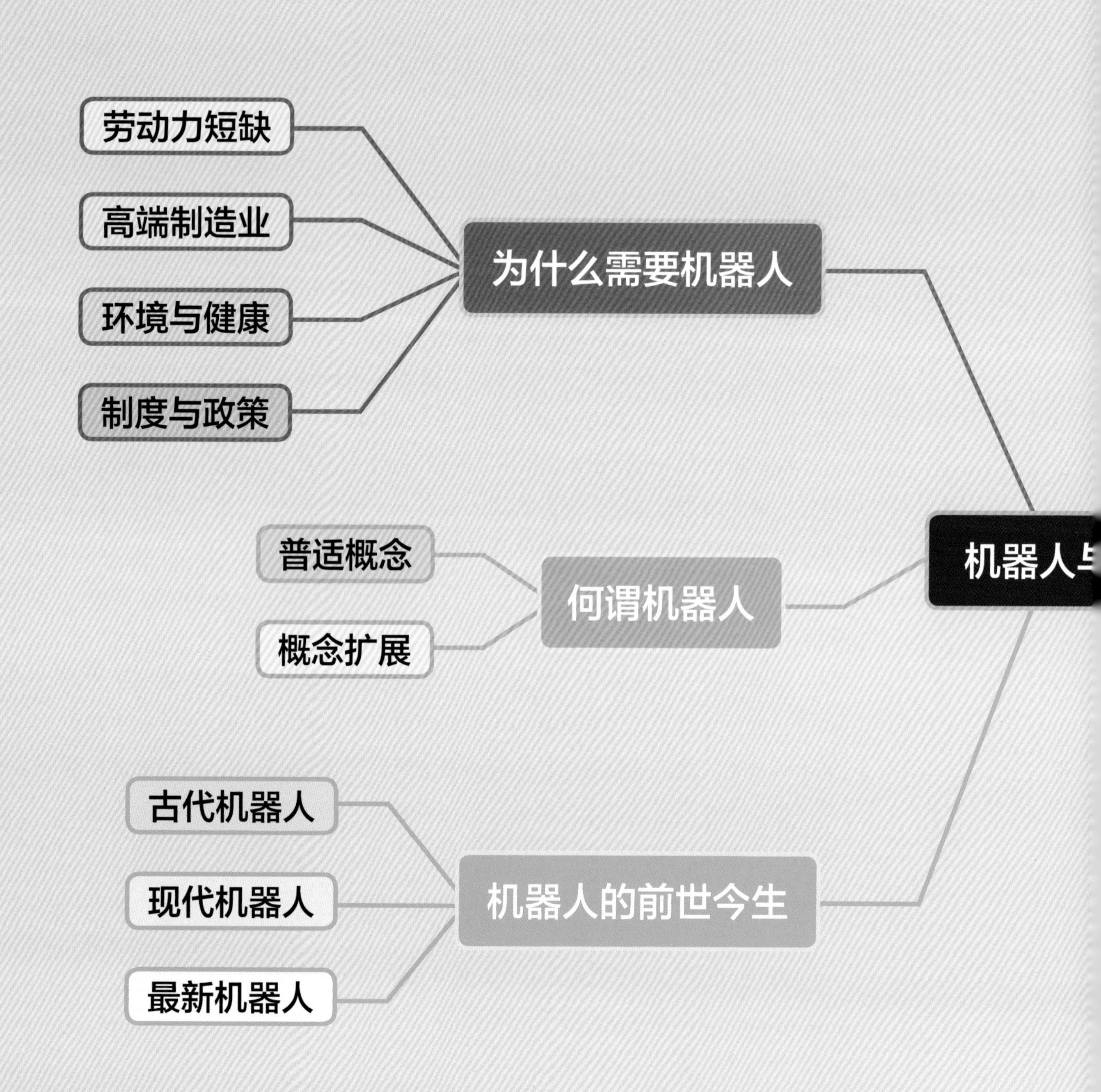

劳动力短缺
高端制造业
环境与健康
制度与政策
为什么需要机器人
普适概念
概念扩展
何谓机器人
机器人
古代机器人
现代机器人
最新机器人
机器人的前世今生

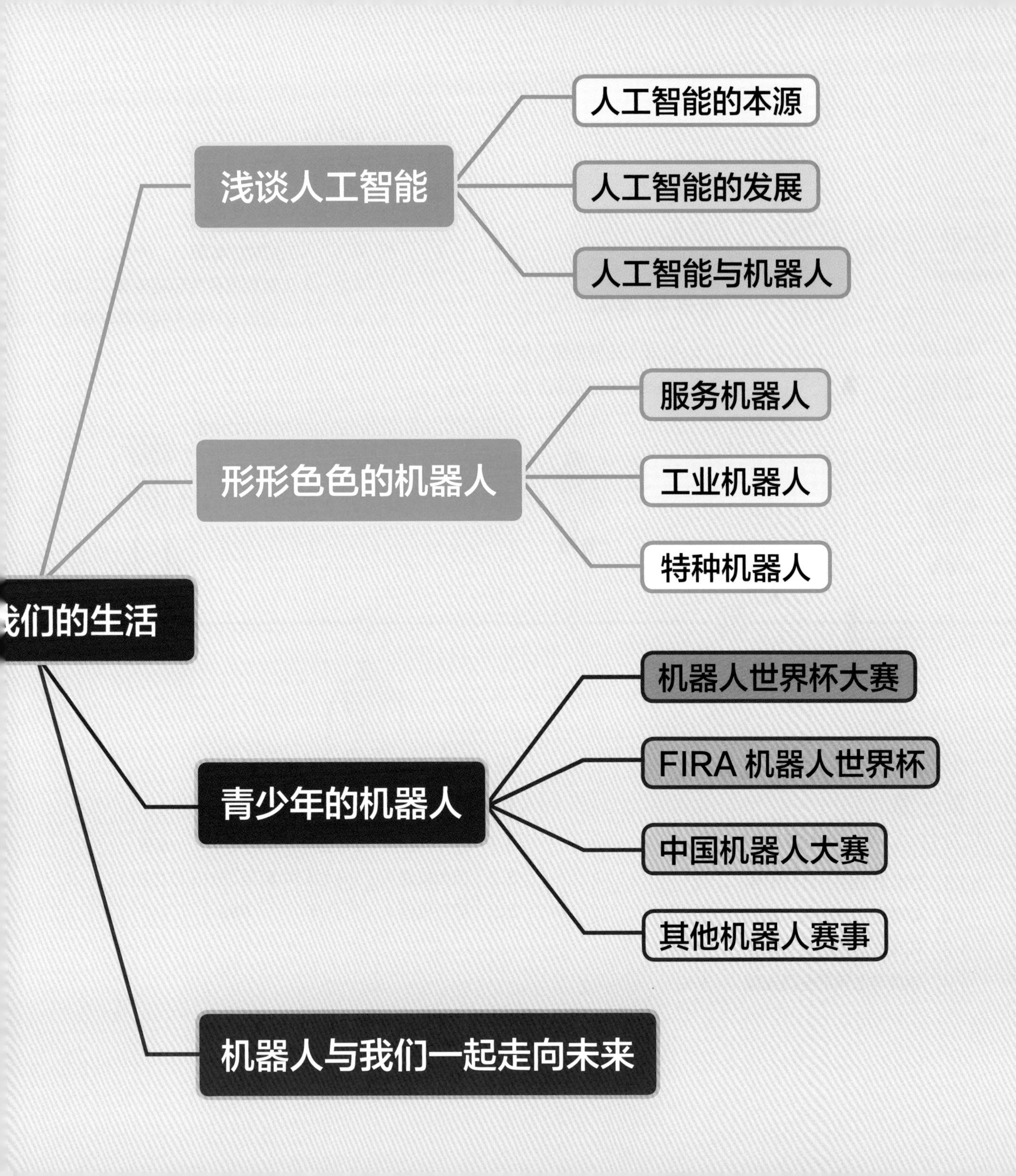

戈们的生活
浅谈人工智能
人工智能的本源
人工智能的发展
人工智能与机器人
形形色色的机器人
服务机器人
工业机器人
特种机器人
青少年的机器人
机器人世界杯大赛
FIRA 机器人世界杯
中国机器人大赛
其他机器人赛事
机器人与我们一起走向未来

目录

091

第六章
青少年的机器人

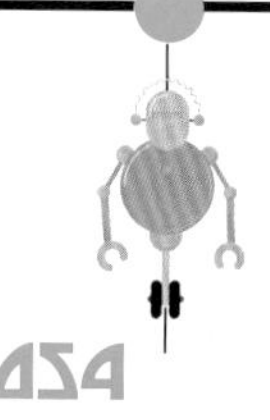

054

第五章
形形色色的机器人

108

第七章
机器人与我们一起走向未来

引言

图 0-1 ◇◇◇◇◇◇◇◇◇
中国古代工匠制造的记里鼓车（复原图）
图片来源：百度

人类自古就有对设计发明自动化工具的朴素追求和大胆实践。从我国汉代发明的记里鼓车（图 0-1），到亚历山大时期（公元前 356 年—公元前 323 年）古希腊人发明的自动机（图 0-2），从电气时代的工业自动化设备（图 0-3），到信息时代的智能机器人系统（图 0-4），无不体现出人类在探索建造类人助力工具上的智慧和进展，无不展示了人类对于类人智能机器不改初心的亘古追求。

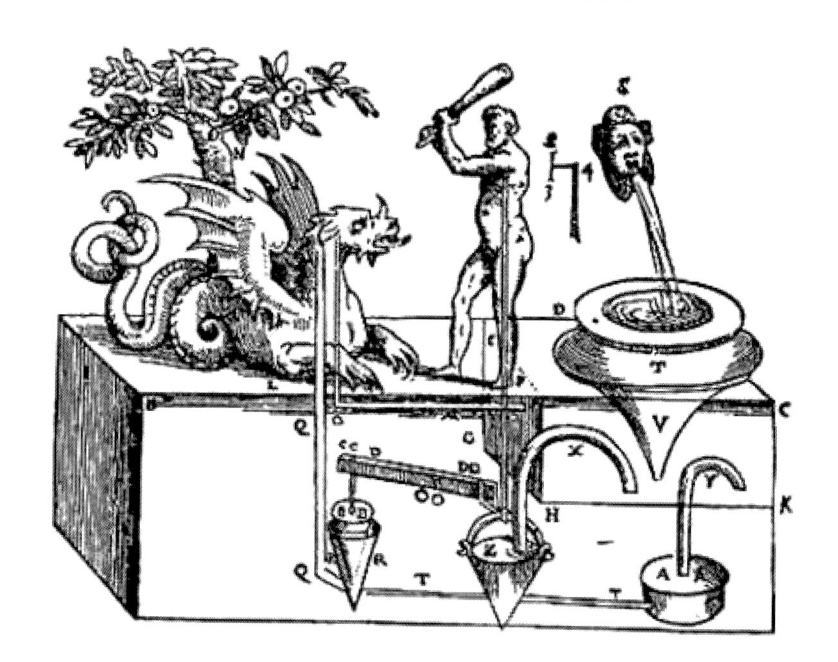

图 0-2 ◇◇◇◇◇
古希腊的自动机
图片来源：百度

图 0-3 ◇◇◇◇◇◇◇◇◇
焊接机器人协同工作生产线
图片来源：百度

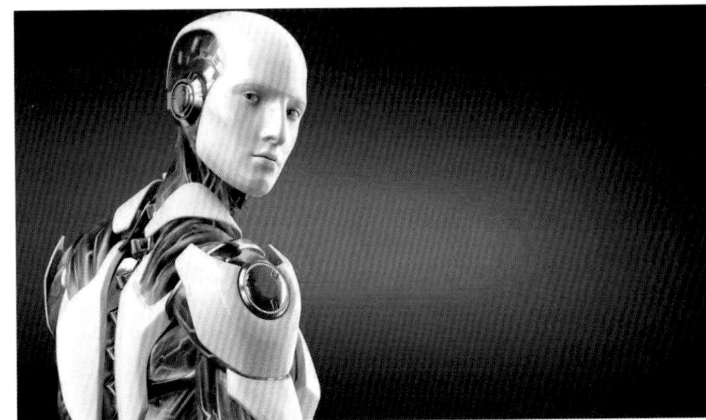

图 0-4 ◇◇◇◇◇◇◇
未来的智能机器人（假想图）
图片来源：百度

普通大众对于机器人的认知则是在最近几年才开始越来越普及，从孩子手里的玩具、家庭使用的扫地工具，到车间里的无人生产线、空中飞翔的无人机，到处可以近距离感受到机器人的存在。如果说，十几年以前，当一个憨态可掬、双足平稳行走、有眼睛和嘴巴的机器人出现在人们面前的时候，人们还只是把它看作是实验室的玩具，是面向研究者的技术测试平台。那么，当下人们对机器人的理解已经发生了巨大的变化。现如今，在银行、酒店、机场、车站办理业务都有机器人主动为你服务（图 0-5），当沙特阿拉伯王国已经授予机器人"Sophia"国家公民身份的时候（图 0-6），机器人的概念已经在极短的时间内，从外形和功能，到技术和伦理，不断制造着惊奇和冲击。

随着机器人技术和产品的快速发展，机器人也进入了新时代，从传统的机电一体化设备向更加智能化的方向不断迈进（图 0-7、图 0-8），现在不仅仅是专业研究人员在

)-5 ◇◇◇◇◇
亍迎宾机器人
来源：百度

图 0-6 ◇◇◇◇◇◇◇◇◇◇◇◇◇◇◇◇◇◇◇◇
第一个被授予国籍的机器人“Sophia”
图片来源：百度

)-7 ◇◇◇◇◇◇◇◇◇◇
器人的新时代（从“机
属性”到“人的属性”
变革）

)-8 ◇◇◇◇◇◇◇◇◇◇◇
-代机器人的智能技术

关注机器人的具体应用，每一位普通人也都开始思考如何面对越来越普及的机器人。同时，全球也存在着许多不同的、甚至是对立的发展思路和认知（图 0-9）。既有像霍金这样的科学家呼吁社会防范智能机器人发展对人类的威胁，也有 iRobot 公司董事长科林·安格尔（Colin Angle）这样的机器人产业实践者不断推出备受欢迎的产品。到底应该如何正确认识这些人类共同面临的新问题，如何真正解决全球面临的新困惑，在当下这个机器人快速发展的时期，还没有明确的结论。但是，从科学普及的角度，对机器人领域的基础技术、实际产品研发、人工智能发展现状等进行简单介绍，让更多的人了解机器人技术和机器人实际应用情况，应该会帮助更多的人正视新问题、理解新技术、释怀新困惑。

需要说明的是，从历史观的角度，从科学发展规律的客观角度分析，目前的机器人技术仍然处于初级阶段，我们应该从现有机器人的工作原理、关键技术、实际应用范围、与人互动方式等多个层面，全面认识机器人，冷静分析机器人与人的关系，理性看待各种对机器人的讨论与判断。

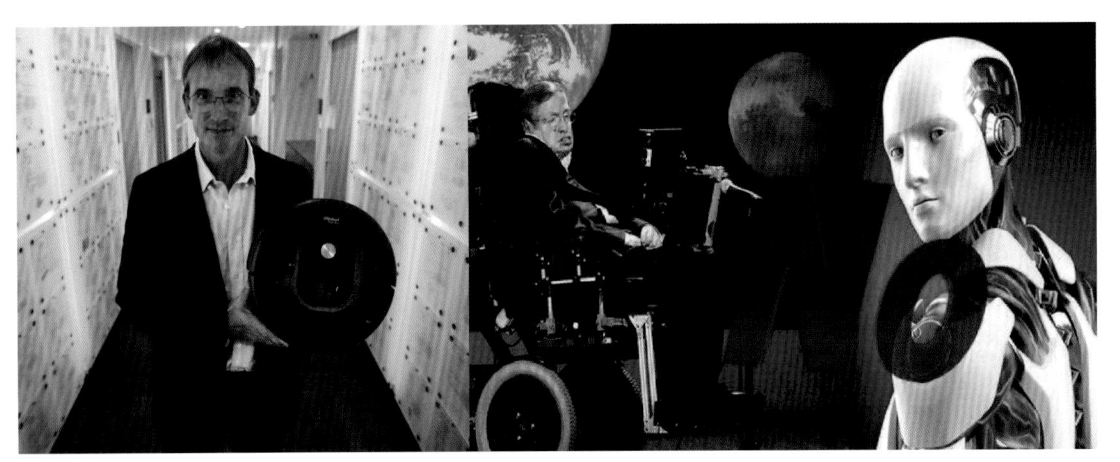

图 0-9 ◇◇◇◇◇◇◇◇◇
iRobot 扫地机器人董
长科林·安格尔（C
Angle）和物理学家霍
对机器人的看法
图片来源：百度

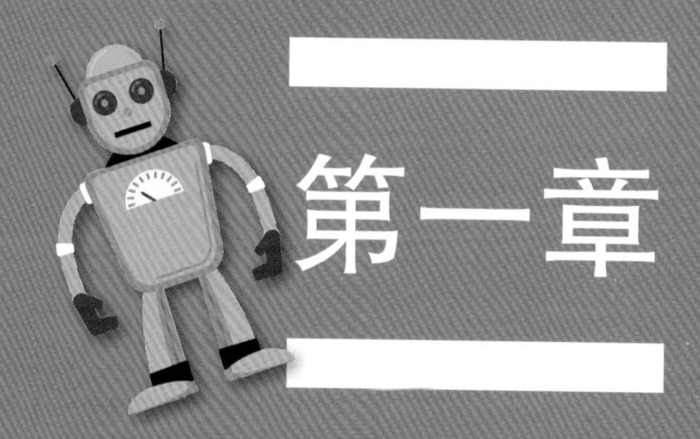

第一章

为什么需要机器人

几年前曾经有过一个网上调查，只问了一个问题，那就是“人类需要机器人吗？”结果被调查的人中，98% 以上都回答：当然需要。这也印证了人类自古至今不断探索制造机器人的事实。可是，一旦问到为什么需要机器人的时候，答案似乎就不那么容易确定了（图 1–1）。结合国际国内公布的相关统计数据和分析报告，本章将探讨一些主要的原因，并从国家制度和政策支持的层面进行简要分析，以供读者参考。

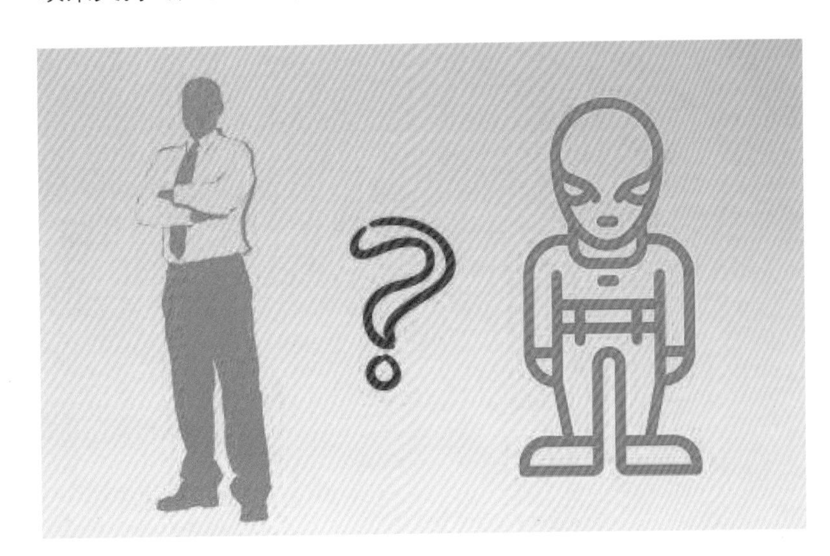

图 1–1 ◇◇◇◇◇◇◇◇◇◇◇
人类为什么需要机器人?

65 岁以上年龄人口占比情况分析和预测（2019 年和 2050 年）

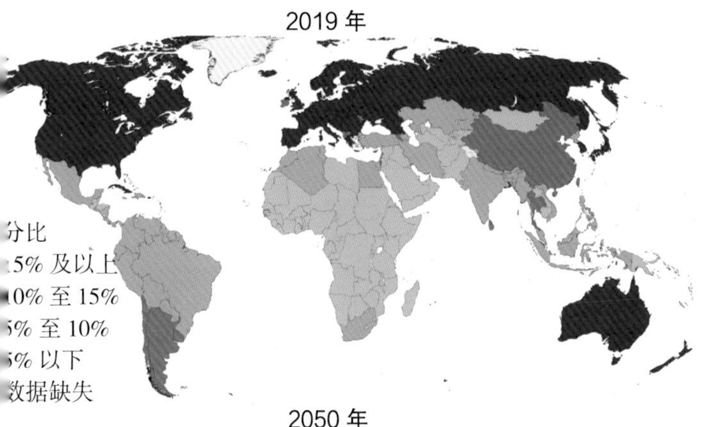

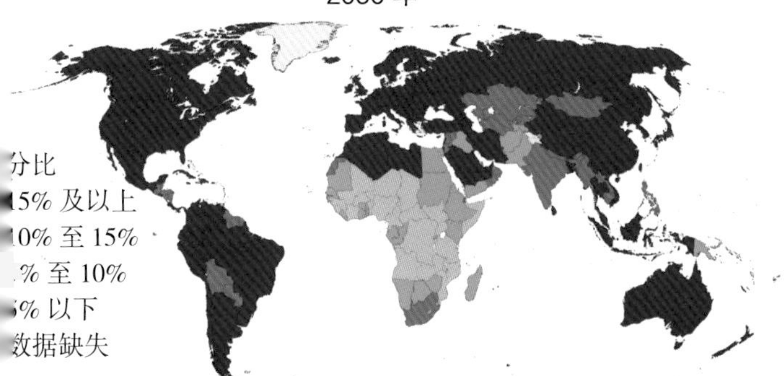

1-2 ◇◇◇◇◇◇◇◇◇◇◇
合国《2019 年世界人口展望》报告公布的全球龄化现状和趋势预测
来源：联合国经济和事务部人口司《2019 世界人口展望》

1.1 劳动力短缺的必然需要

针对全球劳动力短缺的分析，往往都是源于适龄劳动力人口的统计和分析，也自然关联到社会老龄化的具体数据和标准。而根据世界卫生组织的最新标准，65 岁及以上人口占总人口的比例达到 7% 时，为“老龄化社会”（Ageing society）；达到 14% 时，为“老龄社会”（Aged society）；达到 20% 时，为“超老龄社会”（Hyper-aged society）。根据 2019 年的统计数据，整个欧洲、大洋洲、北美洲、南美洲的多数地区、亚洲的大部分地区 65 岁及以上人口占比在 10%~30% 之间。我国民政部公布的《2019 年民政事业发展统计公报》显示，我国正处于人口老龄化快速发展期，截至 2019 年底，全国 60 岁及以上老年人口达 2.54 亿人，占总人口的 18.1%，其中 65 周岁以上人口达 1.76 亿人，占总人口的 12.6%。毋庸置疑，全球大部分地区都面临着老龄化的社会问题，而由此产生的最直接的后果就是全球劳动力的短缺。这种短缺现象，造成了一系列的社会问题，而解决这些问题的一个可行方案就是制造出各种类型的机器人，逐步弥补适龄劳动力人口不足的现状。左图给出了全球老龄化的趋势分析（图 1–2）。

以中国为例，2019 年，我国 65 岁及以上人口比重达到 12.6%，人口老龄化程度持续加深，其中失能、半失能老年人已超过 4000 万人，按照世界卫生组织的基本标准，失能老人与护理人员的比例是 3 ：1，由此约需养老护理人员 1300 多万。而实际上，全国从事养老服务的在册职工只有不到 100 万。同时，各类培训机构和学校培养相关专业护理人员的速度也明显赶不上需求增长。如果再考虑到中国存在的大量空巢老人和失独家庭，对养老护理人员的需求还将更大（图 1–3）。因此，在网上流传着“当你老了，谁来护理你”的尴尬段子。下图直观地展示了中国养老现状和对养老陪护机器人的迫切需求（图 1–4）。

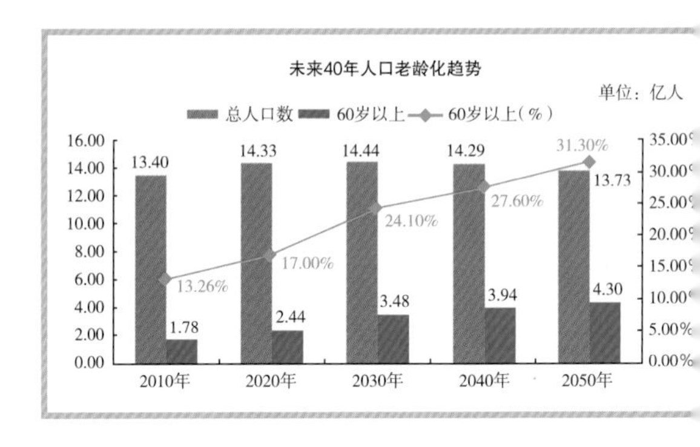

图 1–3 ◇◇◇◇◇◇◇◇◇◇◇◇◇◇◇◇◇◇◇
中国老年人口数据统计及增长趋势预
图片来源：中国社会科学院

图 1–4 ◇◇◇◇◇◇◇◇◇◇◇◇◇◇◇◇◇◇◇◇◇◇◇
未来智能机器人将成为居家养老的得力助手
图片来源：百度

1.2 高端制造业的技术需求

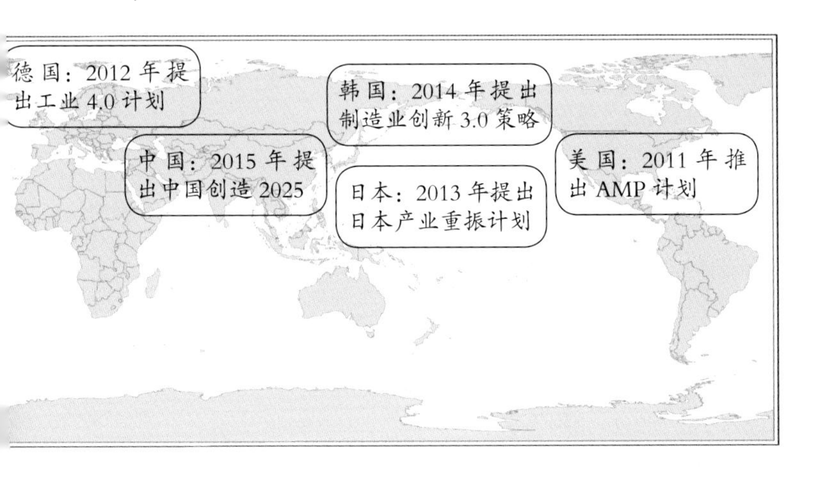
德国：2012 年提出工业 4.0 计划
韩国：2014 年提出制造业创新 3.0 策略
中国：2015 年提出中国创造 2025
日本：2013 年提出日本产业重振计划
美国：2011 年推出 AMP 计划

1-5 ◇◇◇◇◇◇◇◇◇◇◇
要国家高端制造业发策略
图号：GS（2016）1666 号

近年来，以智能化为核心的新一轮技术革命正在全球兴起和蔓延，一些国家纷纷抛出了不同版本的战略规划，如德国的工业 4.0 计划、中国的“中国制造 2025”、美国先进制造伙伴（AMP）计划、日本复兴战略等（图 1–5）。无论各国对新一轮技术革命的反应有多么的千差万别，但都是在拥抱新技术、新产业，产业模式的变革自然催生了对机器人的迫切需求。

传统制造业里，由于产能过剩、市场需求个性化、产品快速更新等因素的影响，企业必然会选择大量使用基于智能化技术的生产线和工业机器人。同时，互联网、大数据、云计算和人工智能等技术的快速发展，也为新一轮技术革命提供了持续和强有力的支撑。作为其中的重要一环，机器人会出现在制造业、服务业、餐饮业、建筑业等多个领域。甚至有评论指出，大规模出现机器人替换人的现象将成为一个新时代的标志，人类高“失业率”将成为新生产模式下的新常态。从经济学的角度分析，劳动力在生产要素中的占比会下降到今天难以想象的水平，而资本占比则进一步上升至极高，资本的技术构成将因机器人的广泛应用而大幅提高。

目前从机器人的装机密度看，2019 年全球工业机器人装机密度平均为 113 台 / 万人，其中新加坡和韩国是机器人装机密度最高的市场，每万人机器人装机数量分别达到 918 台和 855 台，而在需求量最大的中国大陆市场这个数字只有 187 台 / 万人，远落后于发达国家和地区，未来仍有较大提升空间（图 1–6）。

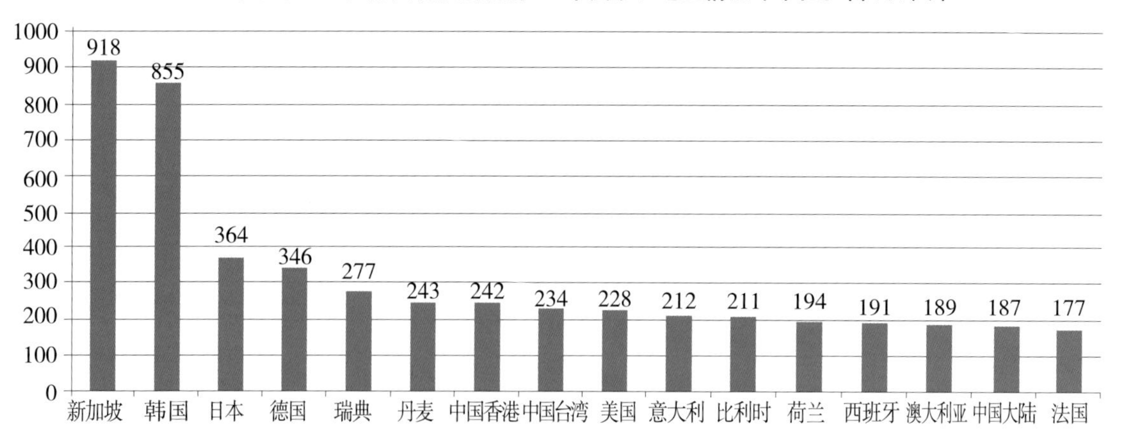

图 1–6
全球工业机器人装机密度情况
图片来源：国际机器人联合会公布的数据

据中国机器人产业联盟（CRIA）与国际机器人联合会（IFR）统计，2019 年中国工业机器人市场累计销售工业机器人 14.4 万台，年销量连续第七年位居世界首位。

1.3　环境与健康的真实诉求

随着社会文明进程的不断发展，全球范围内越来越重视“以人为本”的理念，无论在哪个领域，人的生命和健康是放在第一位的。但是，现实中往往有些工作需要操作人员暴露在危险的环境（如有毒气体，易爆坏境等）中进行（图 1–7），还有些工作（比如灾难救援、消防等）则是有着极强的时效性而且普通人力严重受限（图 1–8）。

面对这些恶劣条件，如何能够保证每位参与人员的身体安全和健康，一直都是人类探索的重要课题。随着机器人技术的不断发展，专门用于危险环境和特定救援环境的机器人产品也得到了大力地推广。与此同时，避免危险、繁重、脏差、重复等工作已经逐渐成为一种普遍的意愿，而能够替代人类去完成这些工作的机器人也就变成了一种自然的诉求。

1–7 ◇◇◇◇◇◇◇◇◇◇◇
才加工车间的工作现场
†来源：百度

图 1–8 ◇◇◇
防化救援现场
图片来源：百度

1.4　制度与政策的全面支撑

随着信息化、工业化不断融合，以机器人科技为代表的智能产业蓬勃兴起，成为现代科技创新的一个重要标志。中国将机器人和智能制造纳入了国家科技创新的优先重点领域。

为贯彻落实好《中国制造 2025》将机器人作为重点发展领域的总体部署，推进我国机器人产业快速健康可持续发展，2016 年 4 月，工信部、发改委、财政部联合印发《机器人产业发展规划（2016—2020 年）》，对我国“十三五”期间机器人产业发展作出整体规划，并要求 5 年内形成我国较为完善的机器人产业体系。其中，提出了聚焦“两突破”“三提升”战略规划，即实现机器人关键零部件和高端产品的重大突破，实现机器人质量可靠性、市场占有率和龙头企业竞争力的大幅提升；给出了具体的产业发展目标，即努力打造机器人全产业链竞争能力，形成具有中国特色的机器人产业体系，为制造强国建设打下坚实基础。具体支持政策包括 3 个方面。

（1）资金支持方面

① 通过工业转型升级、中央基建投资等现有资金渠道支持机器人及其关键零部件产业化和推广应用；② 利用中央财政科技计划（专项、基金等）支持符合条件的机器人及其关键零部件研发工作；③ 通过首台（套）重大技术装备保险补偿机制，支持纳入《首台（套）重大技术装备推广应用指导目录》的机器人应用推广。

（2）融资及市场环境建设方面

① 积极支持符合条件的机器人企业在海内外资本市场直接融资和进行海内外并购；② 引导金融机构创新符合机器人产业链特点的产品和业务，推广机器人租赁模式；

③ 研究制订机器人认证采信制度，国家财政资金支持的项目应采购通过认证的机器人，鼓励地方政府建立机器人认证采信制度；④ 加强机器人知识产权保护制度建设；⑤ 研究建立机器人行业统计制度等。

（3）人才培养及国际合作方面

① 组织实施机器人产业人才培养计划，加强大专院校机器人相关专业学科建设，加大机器人职业培训教育力度，加快培养机器人行业急需的高层次技术研发、管理、操作、维修等各类人才；② 利用国家千人计划，吸纳海外机器人高端人才创新创业；③ 鼓励企业积极开拓海外市场，加强技术合作，提供系统集成、产品供应、运营维护等全面服务。

习近平主席在中国科学院第十七次院士大会、中国工程院第十二次院士大会上的讲话中提到，“国际上有舆论认为，机器人是‘制造业皇冠顶端的明珠’，其研发、制造、应用是衡量一个国家科技创新和高端制造业水平的重要标志。”“我们不仅要把我国机器人水平提高上去，而且要尽可能多地占领市场。”

第二章

何谓机器人

如果有人问你，什么是机器人？你会在脑海中反应出怎样的画面呢？是《变形金刚》中的擎天柱（Optimus Prime）？还是电影《机器人总动员》中的地球废品分装员（WALL-E：Waste Allocation Load Lifters-Earth）和华丽大方的搜查员EVE？还是《超能陆战队》（*Big Hero 6*）中的大白？又或者是央视纪录片《超级工程》中能够在鸡蛋上雕刻世界地图的工业柔性机械臂（图2-1）？

2-1 ◇◇◇◇◇◇◇◇
们印象中的机器人
片来源：百度

2.1 机器人的普适概念描述

当然，上面提到的这些都可以被称作机器人，但又都只是具体的一类表现形式。能否具体给机器人下个定义呢？截止到目前，出现过很多从不同角度进行描述的定义，随着科学技术的不断发展和机器人领域的不断延伸，这些定义也在不断更新和扩展。为此，综合已有的一些对机器人概念的描述，从大众易于接受和理解的角度，给出具有普适意义的机器人定义。

能够被学术界和大众都接受的实体机器人一般具备以下几个特点（图 2-2）：

① 是一种人为设计的机器或者系统。

② 能够通过可编程序来执行一系列的任务。

③ 在一定程度上可以自主工作。

④ 具备模仿人类或者动物的某一些智能行为的能力。

⑤ 可以感知或者检测出周围的环境信息并做出反应。

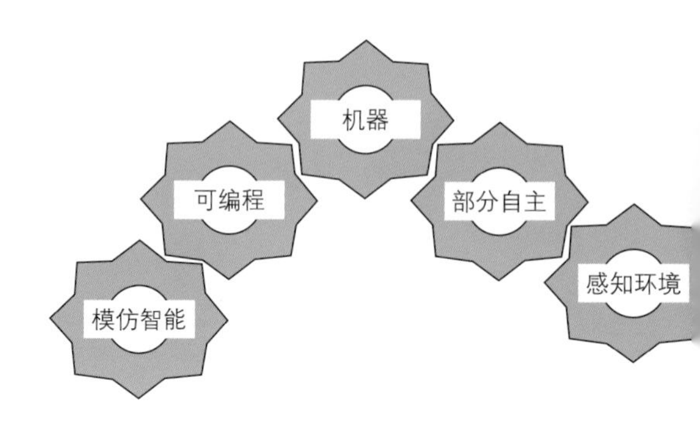

图 2-2
对机器人的一般描述

2.2　机器人概念的新扩展

机器人目前还有一些扩展的新概念，如智能软件系统、人机共生系统、非传统意义上的其他机器人等。

有一些复杂的单纯依托软件程序实现的智能功能，也被一部分人称为机器人或者智能机器人，如一些虚拟的客服程序、聊天程序等（图 2-3）。

还有一些借助智能芯片和生物工程技术，将人体的局部更换为电子设备或者在人体上附加

图 2-3
聊天机器人——微软六代小冰
图片来源：微软小冰网

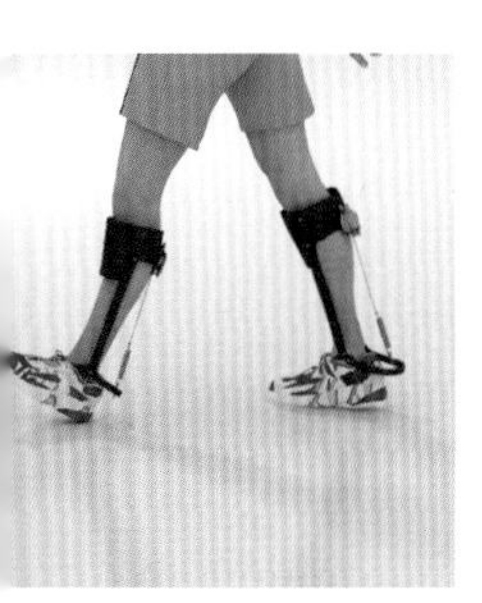

图 2-4
部分体外骨骼机器人

一些自动化设备后，共同完成一些特定任务的人机共生系统等，由于没有特别严格的分类，也会在一些场合被称之为机器人，或者生化机器人，如智能假肢、体外骨骼等（图 2-4）。

近几年开始出现一些基于特殊材料特性的机器人，这些机器人不使用传统意义上的设计手段和操控方式，比如 DNA 纳米机器人、软体机器人等(图 2-5)。

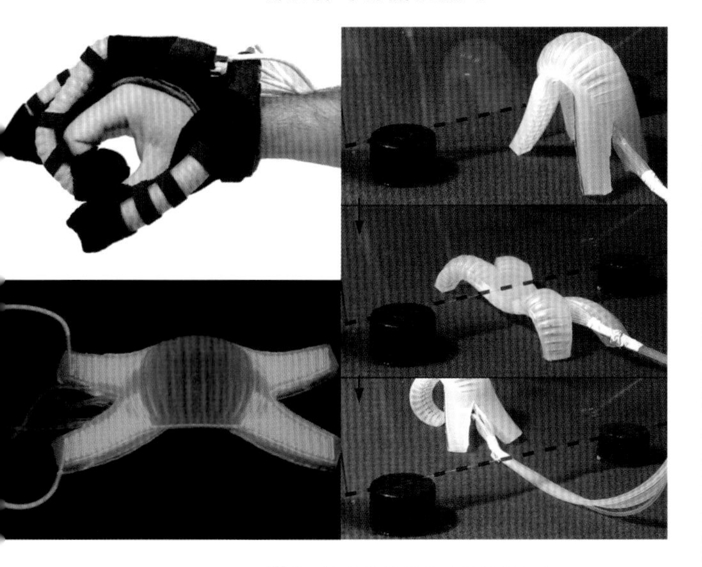

图 2-5
几种正在研究的软体机器人
图片来源：百度

小提示

现有几种不同的机器人定义如下：

· 英国牛津字典的定义："机器人是貌似人的自动机，是具有智力的和顺从于人的但不具人格的机器。"

· 美国机器人协会的定义："机器人是一种用于移动各种材料、零件、工具或专用装置的，通过可编程序动作来执行种种任务的，并具有编程能力的多功能机械手。"

· 日本工业机器人协会的定义："工业机器人是一种装备有记忆装置和末端执行器的，能够转动并通过自动完成各种移动来代替人类劳动的通用机器。"

· 美国国家标准局的定义："机器人是一种能够进行编程并在自动控制下执行某些操作和移动作业任务的机械装置。"

· 中国科学家对机器人的定义："机器人是一种自动化的机器，所不同的是这种机器具备一些与人或生物相似的智能能力，如感知能力、规划能力、动作能力和协同能力，是一种具有高度灵活性的自动化机器。"

第三章

机器人的前世今生

虽然当代人心目中机器人的概念是从近现代才开始逐步确立的，但是从自动帮助人类完成特定任务的角度来看，其实这类工具在古代就已经存在了。随着不同历史时期生产力水平和技术手段的变化，机器人也用不同的形式记录着自己的历史印记。为了方便大家对机器人的发展过程有一个全面了解，在此，从历史发展的视角，一起聊一聊机器人的前世今生。

3.1 古代机器人（20 世纪初期之前）

古代机器人的记载最早可以追溯到我国战国时期的道家著作《列子·汤问》，在第十三部分提到了周穆王巡视期间，遇到一位名叫偃师的工匠，这名工匠献给穆王一个自己制造的歌舞艺人（“臣之所造能倡者”）。在文中还描述了该人造的艺人可以随着舞曲像真人一样跳舞，它的各种器官都可以拆卸，就连鲁班等能工巧匠听说了也自叹不如。由于没有任何可以考证的原始图，现代人只能根据文中的描述，去想象它的样子了。还有一些古代的神话当中，提到了多种人造的古代机器人，比如古希腊神话中的火与工匠之神赫菲斯托斯(Hephaistos)

用黄金建造的机械女仆，犹太传说的黏土傀儡（clay golems）和挪威传说的黏土巨人（clay giants）等。但其真实情况终究已无从考证了。

目前有实物考证的古代自动机器也有很多种，比如中国西汉时期天文学家落下闳在公元前100年左右发明的浑仪，东汉时期张衡改造的漏水转浑天仪（图3–1），以及1090年北宋时期天文学家苏颂等人创建的集观测天象的浑仪、演示天象的浑象、计量时间的漏刻和报告时刻的机械装置于一体的水运仪象台（参考文献《新仪像法要》）等。在公元前250年左右，古埃及的托密勒王朝著名发明家克特西比乌斯（Ctesibius，公元前285年—公元前222年）曾经发明过自动漏壶（也叫水时钟，图3–2）、水动风琴等。阿图齐德王朝的发明家阿加扎利（Al–Jazari，1136—1206）曾经建造了一些自动的厨房用具、水动力自动音乐机以及一组可以浮在水面自动演奏音乐的机器人（图3–3）。

随着12世纪的文艺复兴，关于自动机（automaton）的技术得到广泛的传播和发展。在13世纪末，阿尔图瓦国王罗伯特二世在赫

图3–1 ◇◇◇◇
漏水转浑天仪
图片来源：南京紫金山天文台

浑仪

中国古代用以测
天体位置的主要仪器。
汉洛下闳曾制作过浑仪。
此仪铸造于明朝正统
间，有三重环圈组成，
测天体的赤道、黄道和
平坐标。环上刻有周
365、1/4度及百刻刻度，
这是中国古代天文学所
有的。八国联军入侵北
时，此仪被掠至德国柏林
1920年归还我国。

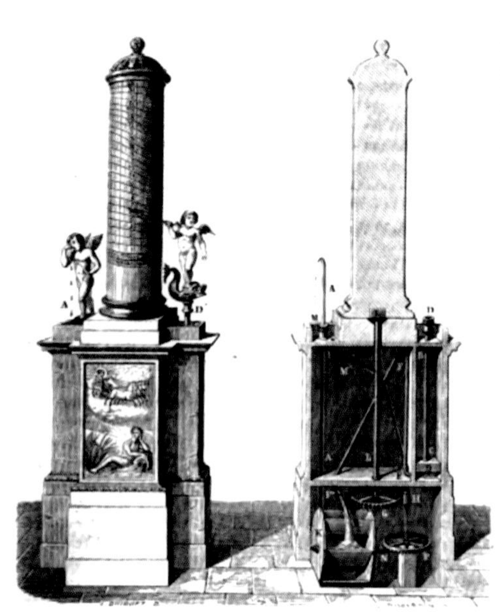

图3–2 ◇◇◇◇
水时钟
图片来源：维基百科

3-3

编程音乐演奏机器人

片来源：维基百科

斯丁的城堡建造了一个游乐园，里面就建造了一些类人的机器人和能够自动行走的机器动物等。1495 年左右，莱昂纳多・达・芬奇（Leonardo da Vinci，1452—1519）制作了一个装甲机械骑士（在 1950 年发现了其详细图纸），它能够坐起来，自由移动手臂、头部和下巴（图 3–4）。1700 年左右，人们发明了一些可以演奏音乐、画画以及自动飞行的设备，比如 1737 年由雅克・沃康森（Jacques Vaucanson）创作的自动长笛演奏者等（图 3–5）。同时期还有日本工匠田中久志发明的一系列极其复杂的自动机械玩具（图 3–6）等。

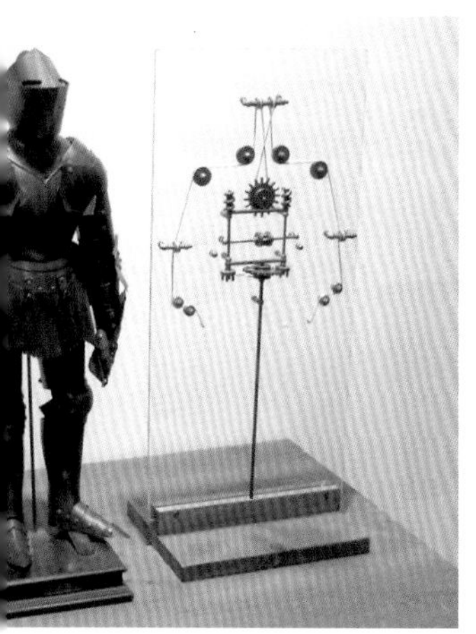

3-4

动运行的装甲机械骑士

片来源：维基百科

图 3–5

可以自动运行的长笛演奏者、鼓手和鸭子

图片来源：维基百科

图 3–6

东京国立科学馆保存的奉茶服务生（karakuri）

图片来源：维基百科

注：karakuri是日本江户时代机械化和自动机的代称，原指娱乐用木偶或玩物。

从 19 世纪到 20 世纪早期，随着军事应用的需求，一些带有早期自动控制思路的遥控式武器开始出现（图 3–7），早期的类人机器人也开始研制，工业界的自动化机械设备开始萌芽。1939 年，美国纽约世博会上展出了西屋电气公司制造的家用机器人“Elektro”。它由电缆控制，可以行走，会说 77 个字，甚至可以抽烟，不过离真正干家务活还差得远。但它让人们对家用机器人的憧憬变得更加具体。与此同时，现今通用的机器人英文单词“Robot”于 1921 年出现在捷克作家卡雷尔・恰佩克（Karel Čapek）的小说中，并逐步替代了之前使用的自动机（Automaton）一词，成为机器人的英文表示（图 3–8）。这个时期的机器人技术已经体现了自动控制技术的发展雏形，为现代机器人的发展奠定了基础。

图 3–7
19 世纪制造的遥控导航鱼雷（Brennan torpedo）
图片来源：百度

图 3–8
卡雷尔・恰佩克（Karel Čapek）的科幻小说《罗素姆的万能机器人》（*Rossum's Universal Robots*）在舞台上演出，里面有三个机器人
图片来源：维基百科

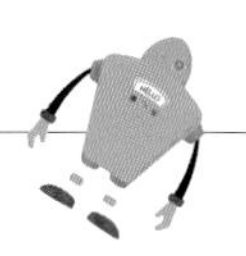

● 3.2　现代机器人（20 世纪中期至 2015 年之前）

1941 年至 1942 年，艾萨克·阿西莫夫（Isaac Asimov）制定了“机器人三定律”，并在此过程中创造了“机器人学”这个词。1948 年，诺伯特·维纳（Norbert Wiener）提出了控制论原理，这也标志着现代机器人技术发展的基础和开端。研究领域也从单纯的机械结构设计延伸到对人脑和整个神经系统的功能模拟。

3-9 ◇◇◇◇◇◇◇◇◇
用模拟电子技术计的机器人 Elmer Elsie，用于验证细胞与复杂行为的相关作用
来源：维基百科

早期基于模拟电子线路相关技术，英国的神经生物学家威廉·格雷·沃尔特（William Gray Walter）于 1948 年和 1949 年创建了用于研究大脑细胞关联作用的机器人埃尔默和埃尔西（Elmer and Elsie）（图 3-9），并用于验证由少数脑细胞模型关联成的神经网络是否产生一定程度的自我意识行为。同时期的阿兰·图灵（Alan Turing）和约翰·冯·诺伊曼（John von Neumann）则从数字电路和数值计算的角度分别研究对人脑行为的模拟，其中，阿兰·图灵还提出了著名的用于测试机器智能水平的图灵测试，而冯·诺伊曼对世界上第一台通用计算机——电子数字积分计算机（Electronic Numerical Integrator And Computer，ENIAC），提出了关键的“存储程序通用电子计算机方案”，将其改进为离散变量自动电子计算机（Electronic Discrete Variable Automatic Computer，EDVAC），由此被誉为计算机之父。

第一台数字化操作和可编程的工业机器人（Unimate）是由美国的乔治·德沃尔（George Devol）于 1954 年发明的，随后，德沃尔成立了世界上第一家机器人制造工厂 Unimation 公司。1960 年德沃尔将第一台工业机器人“Unimate”出售给通用汽车公司，随后福特公司和克莱斯勒公司等也迅速跟进使用该工业机器手臂，并由此揭开了工业界数字化和自动化改造的大幕。

被称为人工智能先驱的马文·明斯基（Marvin Minsky）于 1968 年发明了由电脑控制的 12 个关节机械手臂，而几乎是同一时期，被公认为第一台完全由计算机控制的 6 自由度机器人手臂——斯坦福手臂（Stanford Arm）由维克多·舍曼（Victor Scheinman）在 1969 年研制出来（图 3–10）。

图 3–10
斯坦福手臂（1969 年）
图片来源：维基百科

第一台能够感知周围环境的自主移动机器人“Shakey”是由斯坦福国际研究院于 1970 年建成。它集成了多种环境感知传感器，可以进行自主导航和移动等（图 3–11）。日本早稻田大学加藤一郎实验室在 1972 年研制了世界上第一台全尺寸人形智能机器人“WABOT–1”（图 3–12），之后又不断改进，制造了一系列更加先进实用的人形机器人，成为智能机器人研究领域的重要分支。而在工业界，德国库卡公司于 1973 年研发了全球第一台由电机驱动的 6 轴工业机器人“FAMULUS”，其后库卡（KUKA）系列工业机器人产品得到广泛使用，2013 年，库卡推出了世界上首台适用

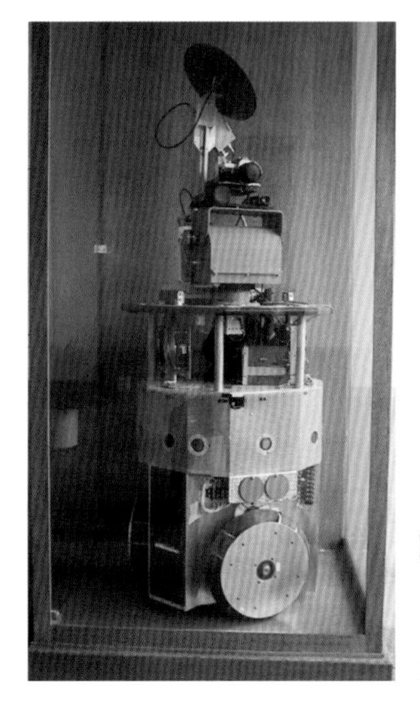

图 3–11
“Shakey”智能机器人（1970 年）
图片来源：维基百科

于工业领域的轻型机器人（感知型机器人）“LBRiiwa”（图 3-13）。1974 年，ABB 公司研发了全球第一台全电控式工业机器人“IRB6”（图 3-14），主要应用于工件的取放和物料的搬运。1977 年，日本发那科（FANUC）公司第一代机器

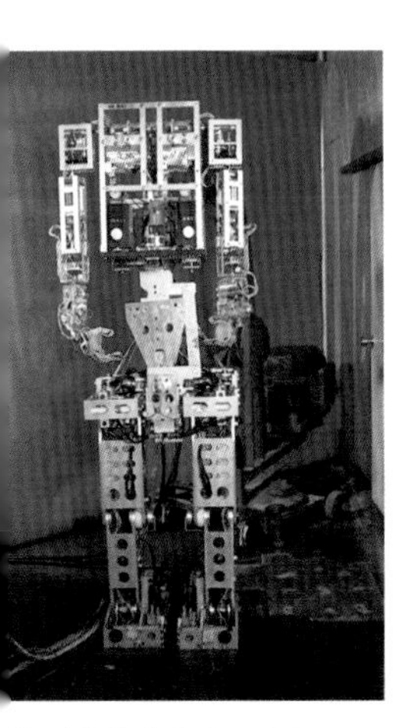

3-12
/WABOT-1”智能机
人（1972 年）
片来源：维基百科

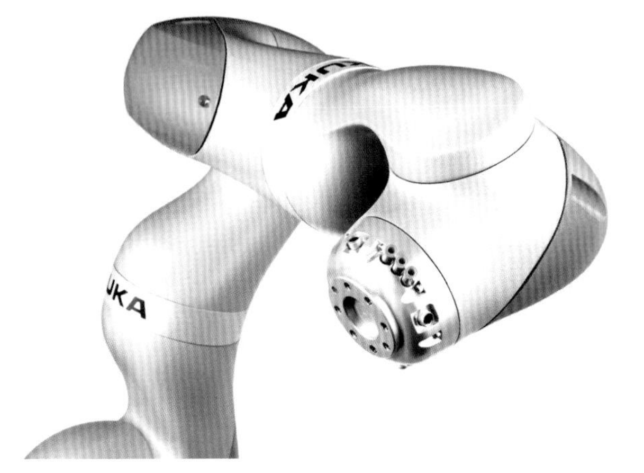

图 3-13
库卡系列机器人
图片来源：库卡机器人网站

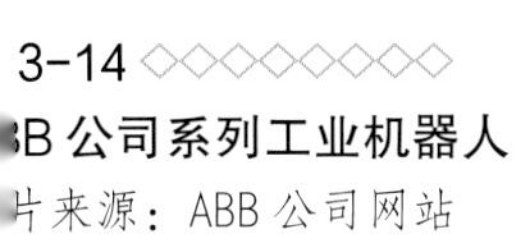

3-14
3B 公司系列工业机器人
片来源：ABB 公司网站

人“ROBOT-MODEL 1”开始量产（图 3-15），凭借其先进的计算机数值控制器（CNC）技术，发那科公司一直处于全球工业机器人研发的领先地位。1978 年美国 Unimation 公司推出通用工业机器人（Programmable Universal Machine for Assembly，PUMA），这标志着工业机器人技术已经完全成熟。

1981 年机器人专家金出武雄（Takeo Kanade）研制出了世界上第一个电机包含在机器人内部的直接驱动机械臂，随后更多的公司和研究机构开始研制出结构更加复杂、功能更加智能的机器人产品。1989 年麻省理工学院研制的六足机器人“Genghis”，因为其组装便利且成本低廉而广受好评（图 3-16）。1994 年约翰·阿德勒（John Adler）发明了用于医疗的定向放射外科手术机器人“Cyberknife”。1996 年麻省理工学院的博士生大卫·巴雷特（David Barrett）发明了仿生机器鱼“RoboTuna”（图 3-17）。1996 年底，本田公司公

图 3-15
发那科公司工业机器人
图片来源：发那科公司网站

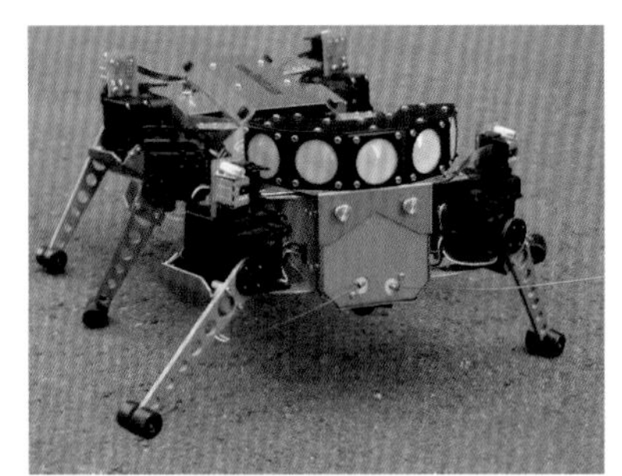

图 3-16
六足机器人“Genghis”
图片来源：维基百科

图 3-17
1996 年发明的仿生机器鱼“RoboTuna”
图片来源：维基百科

3-18
田公司研发的双足机人系列产品
†来源：本田公司网站

布了世界第一个自我控制并依靠两条腿走路的机器人 P2，随后研制了更加智能的双足类人机器人 ASIMO 系列等（图 3-18）。1998 年，丹麦乐高公司推出机器人（Mind-storms）套件，让机器人制造变得跟搭积木一样，相对简单又能任意拼装，使机器人开始走入个人世界。1999 年，日本索尼公司推出犬型机器人爱宝（AIBO），当即销售一空，从此娱乐机器人成功迈进普通家庭。

随着机械、电子和计算机技术的快速发展，机器人的软硬件性能也得到了大大的提升，一系列用于探索外太空的机器人也相继出现。1997 年 7 月 4 日，美国“火星探路者”

飞抵火星考察，旅居者号（Sojourner）自主登陆车成为第一个在火星上真正从事科学考察工作的机器人车辆（图 3–19）。随后的勇气号（Spirit）和机遇号（Opportunity）火星空间探测车于 2004 年 1 月 4 日和 25 日分别在古谢夫陨石坑（Gusev Crater）和梅里迪亚尼平原（Meridiani Planum）成功着陆（图 3–20），2011 年美国又成功发射了好奇号（Curiosity）核动力火星登陆车（图 3–21）。

图 3–19
旅居者号自主登陆车
图片来源：百度

图 3–20
勇气号和机遇号火星空间探测车
图片来源：百度

图 3–21
好奇号核动力火星登陆车
图片来源：百度

2010 年 9 月，国际空间站迎来了第一位机器人成员“Robonaut 2”，它是美国航空航天局（NASA）和通用电气联合开发的一种专用的航天机器人，可以有效地协助人类宇航员完成多种任务（图 3–22）。作为中国首个月

图 3–22
“Robonaut 2”航天机器人
图片来源：百度

球车，“玉兔号”月球登陆车于2013年12月15日顺利驶抵月球表面（图3–23）。

在日常生活中，各类服务机器人也不断涌现出来，特别是近10年间，多个机器人产品成功应用到人们的生活中，比如艾罗伯特（iRobot）公司2002年首次发布了“Roomba”扫地机器人（图3–24），后来的一系列产品都得了市场的广泛认可。还有自2004年开始，由美国国防部先进研究项目局（DARPA）举办的“DARPA Grand Challenge”无人驾驶汽车拉力赛，促进了大量新的辅助驾驶技术在汽车上的应用与推广

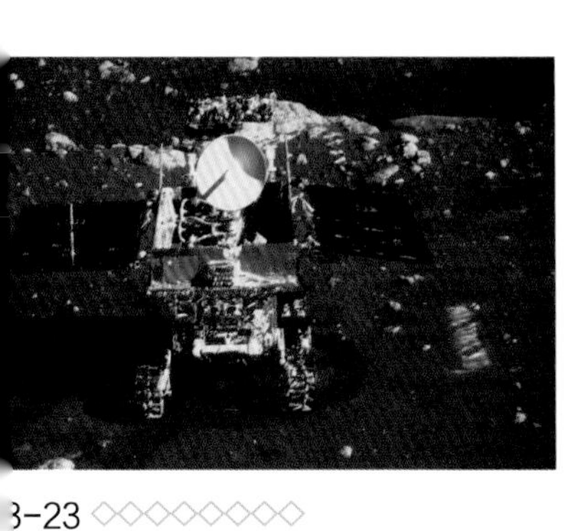

3–23
玉兔号”月球登陆车
来源：百度

3–24
oomba”扫地机器人
来源：百度

3–25
5年DARPA无人驾驶
拉力赛冠军“Stanley”
来源：百度

（图 3-25）。2006 年 6 月，美国微软公司推出“Microsoft Robotics Studio”，机器人模块化、平台统一化的趋势越来越明显。2014 年 1 月，韩国全南大学细菌机器人研究所研发出世界上首个可治疗癌症的纳米机器人，可对多种高发性癌症进行诊断和治疗。

3.3　最新机器人（近几年）

随着人工智能技术的快速发展，特别是最近一两年，基于人工智能技术的新型机器人不断刷新着人们的认知，有连续战胜人类顶尖围棋高手的“AlphaGo”（图 3-26），有能够帮助残疾人重新行走的体

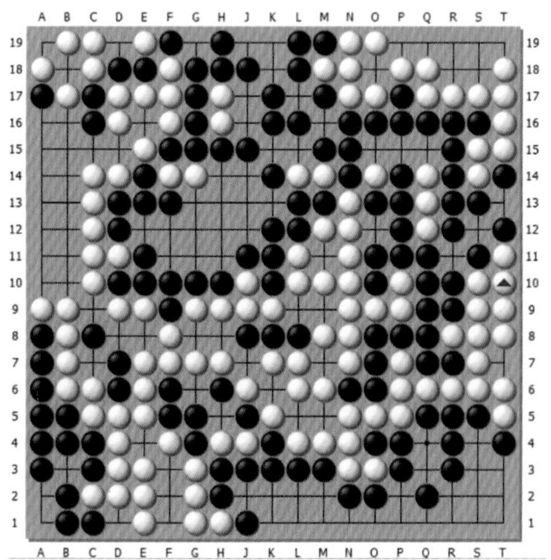

图 3-26

“AlphaGo”智能软件系统与人类围棋顶尖高手对战

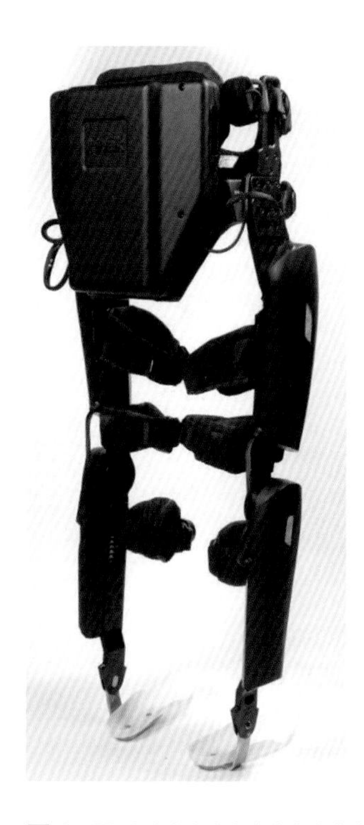

图 3-27

以色列的“Rewalk” 体外骨骼机器人

图片来源：Rewalk Robotics 公司网站

3-28 ◇◇◇◇◇◇◇◇◇◇◇◇◇◇◇◇◇◇

IA 构成的纳米机械臂（蓝紫色的）

片来源：《科学》杂志封面

外骨骼机器人（图 3-27），有无需外接电源自由行走的 DNA 纳米机器人（图 3-28），有能够做后空翻的双足机器人（图 3-29），还有能够毁灭一切生物的全自主蜂群无人机（图 3-30）。有半天时间就建好一座房子的 3D 打印建筑机器人（图 3-31），还有上天入地无所不能的各类特种机器人（图 3-32）。

无论机器人技术如何发展，有一个基本原则就是：机器人是为人类服务的。在本章最后，将目前已有的机器人定律列出来，供大家参考。

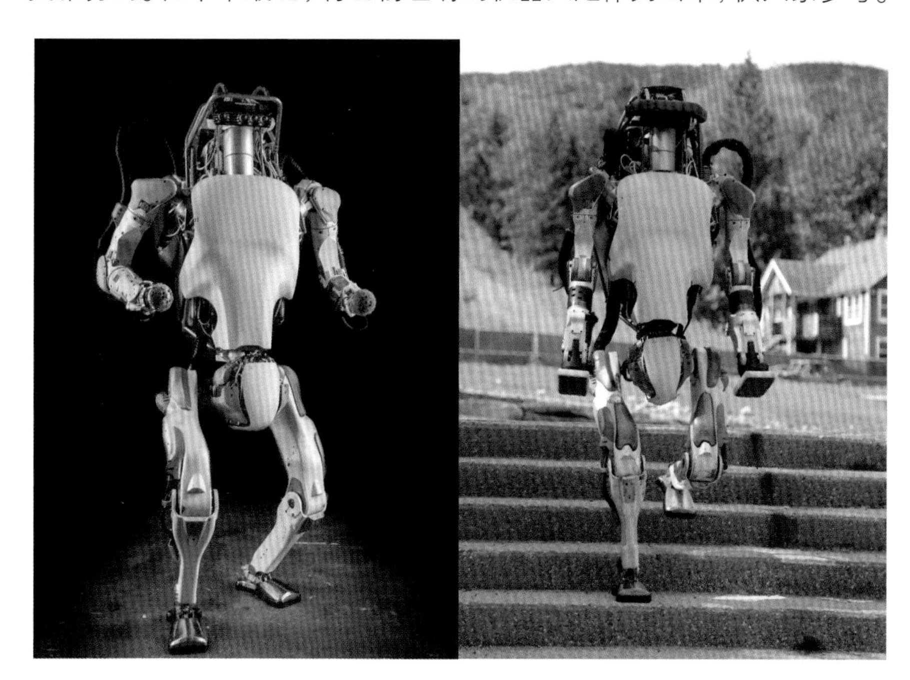

图 3-29 ◇◇◇◇◇◇◇◇◇◇◇◇◇◇◇◇◇◇◇◇◇◇

会上下楼梯和做后空翻的双足机器人 Atlas

图片来源：百度

图 3-30 ◇◇◇◇◇◇◇
蜂群无人机编队飞行
图片来源：百度

图 3-31 ◇◇◇◇◇◇◇
3D 打印建筑机器人
图片来源：百度

图 3-32 ◇◇◇◇◇◇◇◇◇
陆海空各类特种机器人
图片来源：百度

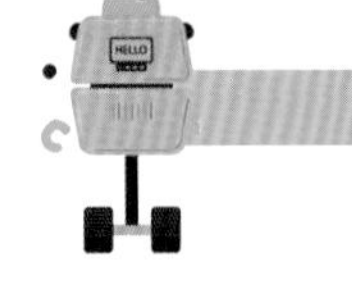

小提示

第零定律：机器人必须保护人类的整体利益不受伤害，其他定律都是在这一前提下才能成立。

第一定律：机器人不得伤害人类个体，或者目睹人类个体将遭受危险而袖手不管。

第二定律：机器人必须服从人给予它的命令，当该命令与第一定律冲突时例外。

第三定律：机器人在不违反第一、第二定律的情况下要尽可能保护自己的生存。

第四原则：机器人在任何情况下都必须确认自己是机器人。

繁殖原则：机器人不得参与机器人的设计和制造，除非新机器人的行为符合机器人原则。

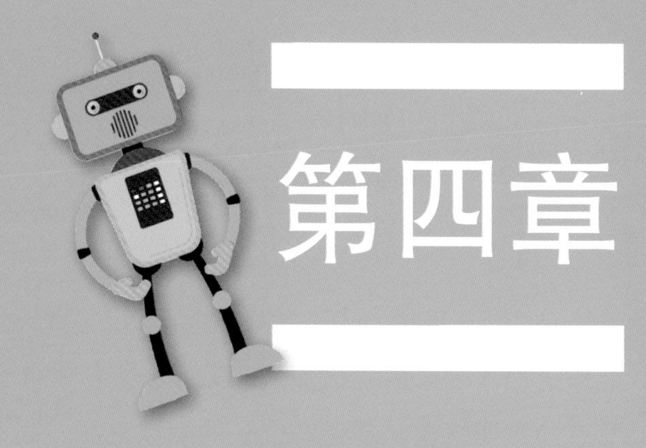

第四章

浅谈人工智能

从1956年提出人工智能概念至今，已经过去了60多年，人工智能真正进入公众的视线却只有短短十几年的光景，作为一个引起时代变革的重要概念，它还有很长的发展之路。同时，人工智能作为机器人领域不可或缺的一个重要部分，其在机器人上的应用也经历了曲折和起伏，直到最近互联网技术和大数据技术的快速发展，其智能的作用才开始慢慢显现。因此，本章用了“浅谈”来简单梳理和回顾人工智能的发展历程以及在机器人领域的发展概况。

4.1 人工智能的本源

2016年中国科学院自动化研究所复杂系统管理与控制国家重点实验室主任王飞跃博士在科学网的博客中写了“人工智能的本源：一本书和两个学术家族的故事”的博文，从科学史的角度客观分析了人工智能的起源。借鉴该博文，对人工智能的本源进行一个简单的梳理。中文的“人工智能”是从英文“Artificial Intelligence”翻译过来的词汇，因此我们从英文词汇的出处和这个概念的本意出发，看看当年这个概念的演变历史。

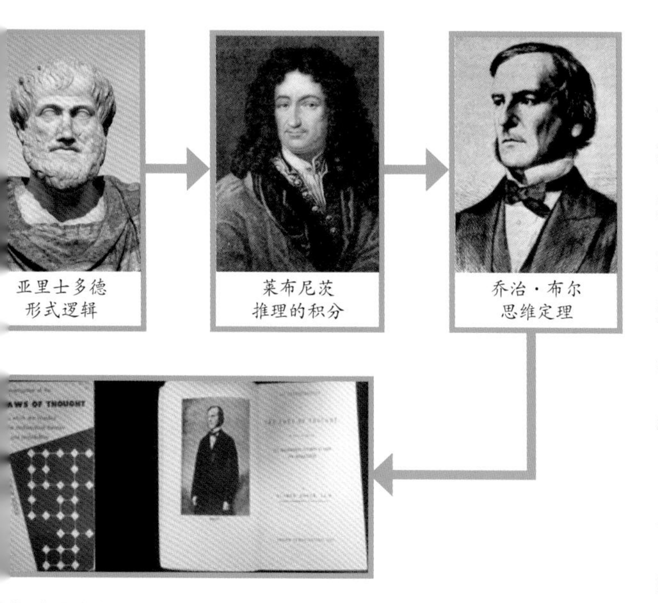

4-1◇◇◇◇◇◇◇◇◇◇◇◇◇
于智能的科学化研究萌
阶段

早期人们就有将智能或者智慧进行科学化研究的愿望，亚里士多德（Aristotle，公元前384年—公元前322年）曾经提出的三段论、形式逻辑等，组成了“推理的科学”的原型；到17世纪中后期，微积分和二元算术自动计算装置的发明者莱布尼茨设想用机器来做推理的积分；又过了一个多世纪之后，数学家、逻辑学家乔治·布尔出版了一本书，即《思维规律的研究》（*An Investigation of the Laws of Thought*），最终把亚里士多德提出的三段论形式逻辑和莱布尼茨提出的设想结合，开创了现代的数理逻辑，并提出布尔代数，成为后来数字逻辑电路的数学基础，关于智能的科学化研究开始萌芽（图4-1）。

随后在18世纪末、19世纪初，瓦特蒸汽机的发明和用于蒸汽机速度控制的调节器的出现，都为20世纪学者们研究智能科学提供了新的支撑。1936年，图灵创立了理想计算机模型的自动机理论。1943年，心理学家瓦伦·麦卡洛克（Warren McCulloch）和数理逻辑学家沃尔特·皮茨（Walter Pitts）提出了M-P神经网络模型。1948年，克劳德·香农（Claude Shannon）认为人的心理活动可以用信息的形式来进行研究，并提出了描述心理活动的数学模型。1948年，诺伯特·维纳

（Norbert Wiener）创立了《控制论》（*Cybernetics*），其最核心的思想基础来自于自动机器，特别是具有类似人脑逻辑推理功能的自动机器，因此，书中关于认知科学的部分是最多的。受到以上理论成果特别是控制论的影响和感召，1956年，约翰·麦卡锡(John McCarthy，人工智能之父）、马文·明斯基(Marvin Minsky，人工智能与认知学专家）、克劳德·香农（Claude Shannon，信息论的创始人）、艾伦·纽厄尔（Allen Newell，

速度控制调节器

图灵
自动机理论

维纳
《控制论》

麦卡洛克和皮茨
M-P 网络

香农
信息论

麦卡锡
提出 AI 的概念

AI 概念提出后 50 周年再聚首

图 4-2 ◇◇◇◇◇◇◇◇
人工智能概念的提出

计算机科学家）、赫伯特·西蒙（Herbert Simon，诺贝尔经济学奖得主）等在美国的达特茅斯学院召开了一次学术研讨会，并在会上首次提出了“Artificial Intelligence”这个词汇，由此成为了现代人工智能起源的标志（图 4-2）。

4.2 人工智能发展的起起落落

人工智能的概念从 1956 年提出以后，在发展历程上，目前为止，又经历了多个阶段，从初步发展，到停滞不前，再到知识数据驱动下的全面发展。同时，其涵盖的意义在不断更新和扩展，为人类服务的作用也在不断变化（图 4-3）。

初步发展阶段：从 1956 年到 1969 年，人工智能这一术语得到了全球研究者的认可，并迅速在计算机模拟推理、神经网络技术、机器人技术、问题求解程序等一系列领域得

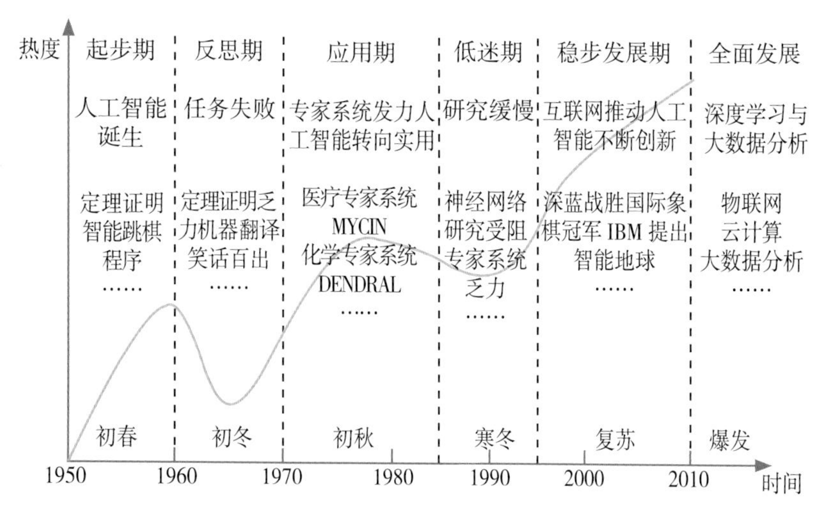

图 4-3 ◇◇◇◇◇◇◇◇◇◇◇
人工智能发展的起起落落

到快速发展。1956 年纽厄尔和西蒙的“逻辑理论家”程序证明了怀特海德（Whitehead）和罗素（Russell）的《数学原理》一书中第二章中的 38 条定理，后来经过改进，又于 1963 年证明了该章中的全部 52 条定理。这一工作被认为是计算机模拟人的高级思维活动的一个重大成果。1958 年，著名的逻辑学家王浩在计算机上用了 9 分钟时间，证明了《数学原理》中的 450 条定理，并因此于 1983 年获得第一届“数学定理机械证明里程碑奖”。1956 年，塞缪尔（Samuel）研制了具有学习能力的跳棋程序，该程序在 1962 年打败了美国一个州的跳棋冠军。这是模拟人类学习过程的一次卓有成效的探索。1958 年，麦卡锡提出的 LISP 语言不仅可以处理数据，而且可以方便地处理符号，成为人工智能程序设计语言的重要里程碑。目前 LISP 语言仍然是人工智能系统重要的程序设计语言和开发工具。1960 年，纽厄尔、肖（Shaw）和西蒙等人研制了通用问题求解程序 GPS，总结了人类求解问题时的思维活动，并首次提出启发式搜索的概念。1968 年，费根鲍姆（Edward Feigenbaum）、布鲁斯（Bruce G. Buchanan）、莱德伯格（Joshua Lederberg）和卡尔・杰拉西（Carl Djerassi）在斯坦福大学研制成功可用的第一个专家系统——“DENDRAL”系统。1968 年，特里・维诺格拉德（Terry Winograd）开发了一种早期自然语言理解程序“SHRDLU”。

停滞阶段：从 1969 年到 20 世纪 80 年代，人工智能的一个重要分支神经网络理论遇到了重大困难，这导致相关研究和资金投入都受到了影响，个别领域的研究几乎停滞。起因来自于当时神经网络专家明斯基（Marvin Minsky）和帕普特（Seymour Papert）1969 年发表的《感知机：计算几何导论》（*Perceptrons: An Introduction to Computational Geometry*），文章对感知机的先天局限性进行了深入剖析，特别是给出了无法处理线性不可分问题的结论。塞缪尔的跳棋程序赢了州级冠军之后，与世界冠军

对弈时就从没有赢过。最有希望出实质性成果的自然语言翻译也问题不断，人们原以为只要用一部双向字典和一些语法知识就可以解决自然语言的互译问题，结果发现机器翻译闹出了不少笑话。舆论的谴责、经费的缺乏，使人工智能研究一时陷入了困境。但是，一些研究者继续在专家系统的应用、自然语言理解、无人驾驶技术等领域做出了可喜的贡献。20 世纪 80 年代，美国加州工学院物理学家霍普菲尔德提出了带反馈结构的神经网络，一定程度解决了感知机网络先天不足的问题。特别是 1977 年，美国斯坦福大学计算机科学家费根鲍姆在第五届国际人工智能联合会议上提出知识工程的新概念，确立了知识处理在人工智能学科中的核心地位，使人工智能从基于推理的模型转向知识的模型，也为人工智能的再次快速发展奠定了基础。

知识驱动下的全面发展阶段：从20世纪90年代至今，随着机器学习领域研究成果的不断涌现，基于神经网络的深度学习算法也在物体识别、语音识别等领域取得了可喜的应用成果。1998年，杨乐昆（Yann LeCun）和本吉奥（Yoshua Bengio）发表了关于神经网络应用于手写识别和优化反向传播的论文。2000年，MIT的西蒂亚·布雷泽尔（Cynthia Breazeal）打造了一款可以识别和模拟人类情绪的机器人“Kismet”。2006年，杰弗里·辛顿（Geoffrey Hinton）发表《学习多层表征》（*Learning Multiple Layers of Representation*），提出学习生成模型（generative model）的观点。2007年，李飞飞（Fei Fei Li）开始建立大型注释图像数据库“ImageNet”。2011年，IBM超级电脑“沃森”（Watson）在美国老牌益智节目“危险边缘”（Jeopardy！）中击败人类。2014年，谷歌汽车在内华达州通过自动驾驶汽车测试。2016年3月，谷歌深度思考（DeepMind）公司研发的“AlphaGo”在围棋人机大战中击败韩国职业九段棋手李世石。

4.3 人工智能与机器人的依存与守望

人工智能研究的主要目的就是探寻智能本质，研究出具有类人智能的智能机器，比如让机器或者计算机会听、会看、会说、会想，跟人一样。所以人工智能与机器人技术的关系一直以来都是相互依存，共同发展。

大部分普通人都是通过看科幻大片来了解到机器人和人工智能技术的，即所谓的“黑科技”。作品中既有了解人类情感并帮助人类度过危难的暖男型机器人，也有能够直接威胁人类存亡的机器人。现实当中，人工智能技术到底有多么“神”？有哪些“软肋”？我们借助 2018 年 5 月院士大会上谭铁牛院士“人工智能：天使还是魔鬼？”的报告，帮助大家一起了解和认识人工智能的“能”与“不能”。

“AlphaGo”屡次战胜人类顶尖围棋选手

IBM WATSON 知识竞赛战胜人类冠军

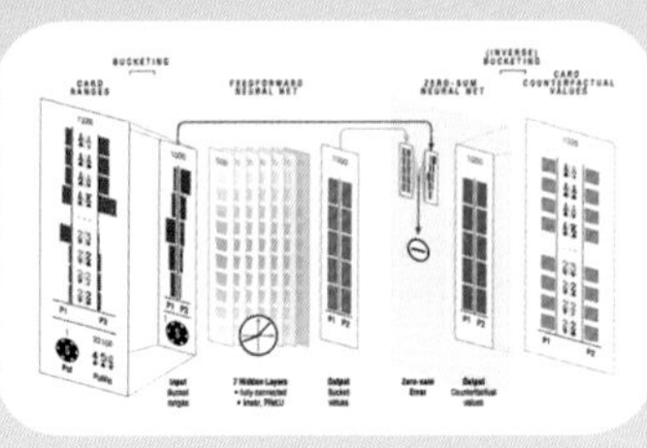
DeepStack 战胜德州扑克人类职业玩家

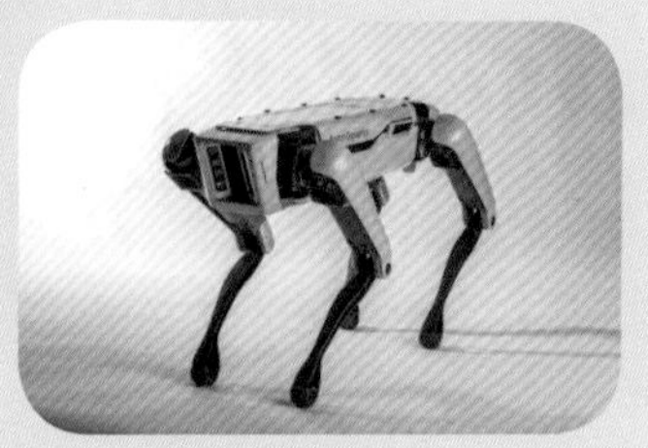
专用人工智能在机器人领域广泛应用

图 4-4 ◇◇◇◇◇◇◇◇◇◇◇◇◇◇
专用人工智能取得突破性进展，且在一些特定领域超过人类
图片来源：百度

关于人工智能现在“能”做什么的问题，报告中提到：专用人工智能取得突破性进展。就是让人工智能系统专门做一件事儿已经有所突破，比如下围棋的“AlphaGo”，波士顿动力公司（Boston Dynamics）的人形机器人可以跨过障碍物，还有四足机器人像狗一样跑得非常快，可以爬楼梯、可以相互配合着开门逃跑等。中国科学院自动化研究所做的机器鱼、虹膜识别，谷歌最新的语音人机对话，还有科大讯飞的语音识别、各种人脸识别的应用等。专用人工智能的快速发展很大程度上是其核心技术——机器学习的飞速进步，就是借助“深度学习”等方法，让机器借鉴了人的大脑在处理信息过程当中的层次化过程，用于图像分类的人工智能识别错误率已经低于人的错误率，也就是借助人工智能方法可以让机器人的识别力高于人的（图 4-4、图 4-5）。

4-5 ◇◇◇◇◇◇◇◇◇◇
用人工智能在多个领域得成功应用，引领智能新创业浪潮
片来源：百度

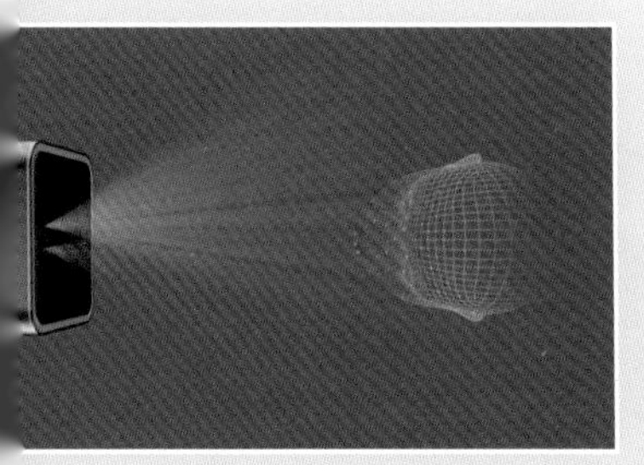

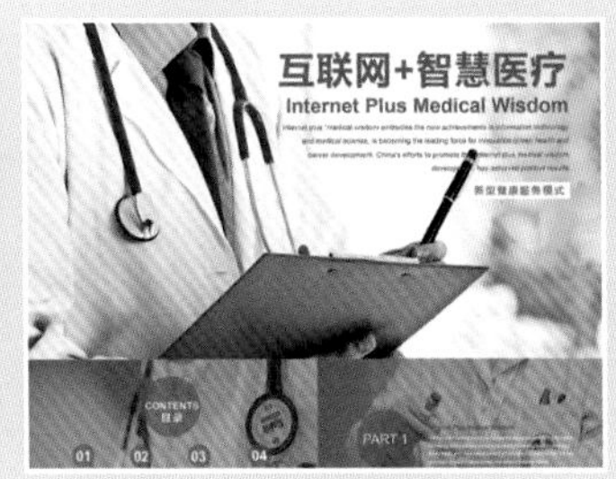

关于人工智能现在还“不能”做到的事情，报告中提到：人工智能整体发展水平还处于初级阶段，还做不到“通用”或者“一脑百用”，就是“四有四无”。① 现在人工智能是有智能没有智慧，智慧是高级智

能，有意识，有悟性，可以决策。② 人工智能有智商没有情商，距离科幻电影中跟人类谈情说爱的人工智能还差得很远。③ 人工智能会计算不会算计，一个词倒一个顺序，这个概念完全不一样。④ 人工智能有专才没有通才，下围棋的阿尔法狗不一定会下象棋。随后，报告中还举了一个在线翻译的例子，就是用谷歌翻译“那辆白车是黑车”和“能穿多少穿多少”等，谷歌翻译也翻译不出来。也就是现有人工智能技术还不能举一反三，“知其然不知其所以然”，与人类的智能存在很大差距（图 4–6）。

有智能没智慧：无意识和悟性，缺乏综合决策能力

有智商没情商：机器对人的情感理解和交流刚起步

会计算不会算计：有智无心，更无谋

有专才无通才：距离通用人工智能任重道远

数据瓶颈

泛化瓶颈

能耗瓶颈

语义鸿沟瓶颈

可解释性瓶颈

可靠性瓶颈

图 4–6 ◇◇◇◇◇◇◇◇◇
人工智能的局限与不足

但也正是因为人工智能还处于初级阶段，才更证明了人工智能未来发展还有很大的空间。同时，报告给出八个方面的宏观发展趋势，供大家参考。

最后，关于“人工智能是天使还是魔鬼”的问题，与“机器人是人类的助手还是毁灭人类的凶手”的问题类似，谭院士的回

人工智能发展趋势：

（1）专用走向通用。

（2）机器智能到人机混合智能。

（3）从“人工+智能”到自主智能系统。

（4）学科交叉将成为人工智能创新源泉。

（5）人工智能产业将蓬勃发展。

（6）人工智能的法律法规一定会更加健全。

（7）人工智能将成为更多国家的战略选择。

（8）人工智能的教育会全面普及。

答作为本章的结尾：高科技本身没有天使和魔鬼之分，人工智能也是如此，这一把双刃剑是天使还是魔鬼取决于人类自身。人工智能在天使手里是天使，在魔鬼手里就是魔鬼。因此我们有必要未雨绸缪形成合力，确保人工智能的正面效应，确保人工智能造福于人类。

在 2018 年的上半年，加拿大多伦多大学帕拉姆·奥拉比（Parham Aarabi）教授团队研发的智能算法可以动态破坏已经成功应用的人脸识别系统，这让我们对人工智能的双面性有了更直观的感受。随着人工智能技术被应用于各种各样的场景，如车辆自动驾驶、癌症检测等，我们更需要同时处理好这些方法的安全问题，特别是防备用人工智能的方法去破坏人工智能的应用。

2017 年 7 月，中国国务院印发“新一代人工智能发展规划”，集举国之力，抢占人工智能制高点。

2017 年 9 月 1 日，普京在开学日的公开课上表示：人工智能领域的领先者将成为全球统治者。

2018 年 4 月，欧盟委员会计划 2018—2020 年在人工智能领域投资 240 亿美元。

2018 年 5 月，美国白宫组织 AI 研讨会，成立 AI 专门委员会，确保人工智能领域美国领先地位。

第五章

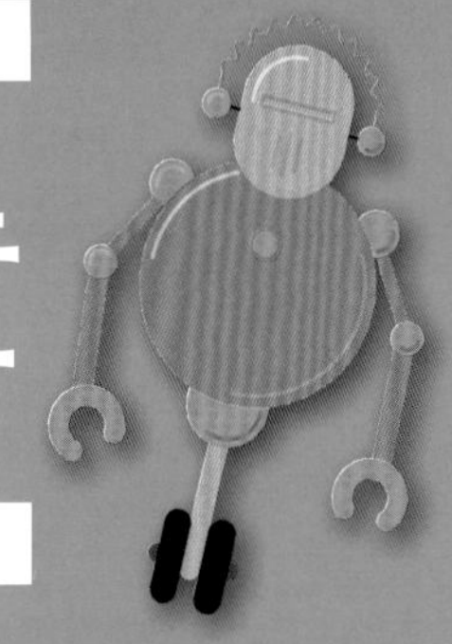

形形色色的机器人

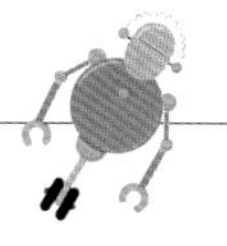

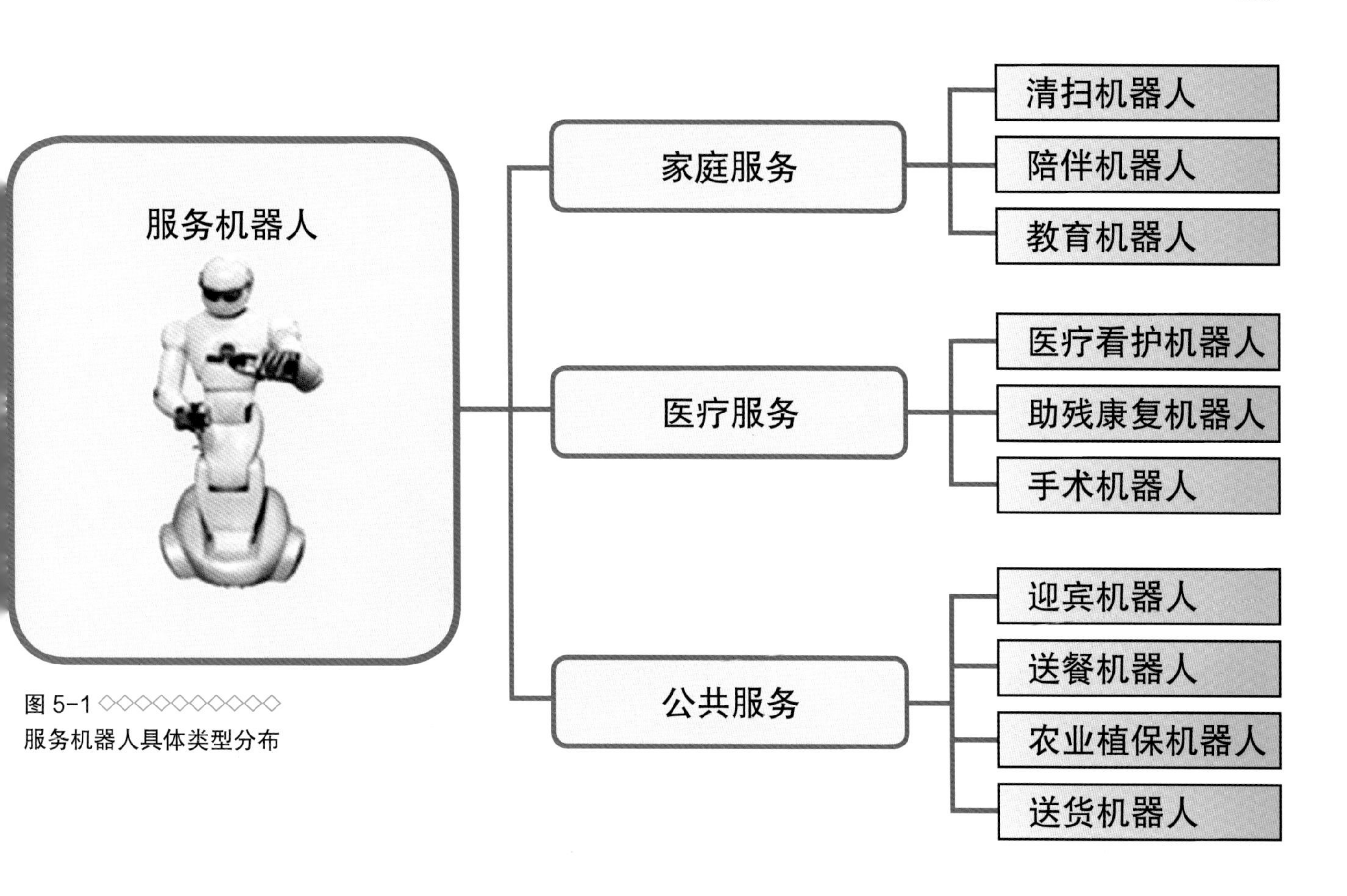

图 5-1 ◇◇◇◇◇◇◇◇◇◇
服务机器人具体类型分布

5.1 服务机器人

服务机器人是机器人家族中的一个年轻成员，主要是指在非结构环境下为人类提供必要服务的多种高技术集成的智能化装备，一般包括家用、医疗和公共服务机器人三个分支，具体类型如图 5-1 所示。

促进服务机器人快速发展的原动力是全球人口结构变化以及时代变革带来的社会需求。从世界范围看，人口老龄化已经从欧美等发达地区逐渐向亚洲和美洲地区扩散，目前已经成为全球现象。2017 年，全球有 7 亿人的年龄超过 60 岁，到 2050 年，该数字将达到 20 亿。由此带来了劳动力短缺和对服务水平要求不断上升之间的矛盾，而大规模发展服务机器人将成为解决这一全球突出矛盾的重要措施（图 5-2）。

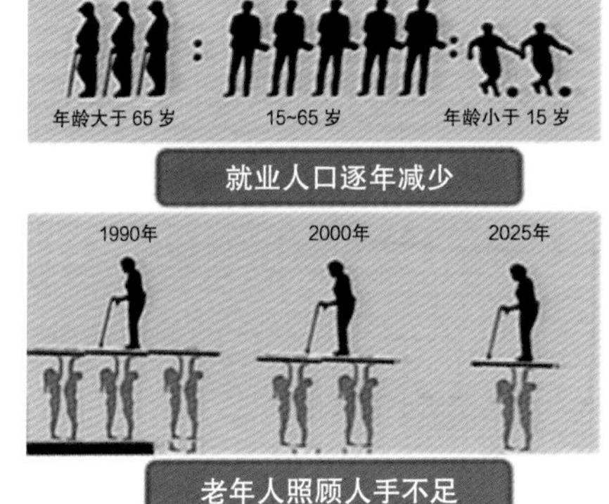

图 5-2 ◇◇◇◇◇◇◇◇◇◇◇◇◇◇◇◇
服务机器人的社会需求分析示意
图片来源：百度

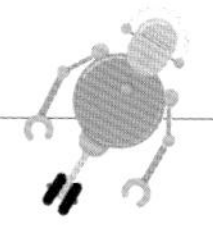

5-3 ◇◇◇
地机器人
片来源：百度

最新数据显示，未来服务机器人的全球市场容量超30亿台，可诞生一个几千亿甚至上万亿美元的全球服务机器人市场。目前，全球服务机器人市场总额正以每年20%~30%的速度增长，2021年将达到820亿美元，有望超过工业机器人市场。

5.1.1 家用服务机器人

家用服务机器人是一类在家庭场景中为人们日常生活服务的特种机器人。这类机器人能够对家庭环境和家庭成员等进行感知，然后通过智能方法对感知信息进行加工和处理，并做出针对某种特定家庭服务的行动决策，最后将产生的决策和响应发送给执行装置，完成面向家庭的各种服务。

在这一小节，我们将重点介绍几类已经应用到很多家庭中的家用服务机器人。它们是做家务活的机器人、陪护老人和儿童的陪伴机器人、具有教学功能的家用教育机器人。

1）清扫机器人

扫地机器人，能够自动完成房间的清扫工作，是目前进入家庭服务领域最成功的一类机器人。高级版的扫地机器人都配备了智能的大脑，既能够清楚知道自己在房间的位置、清扫路径和充电位置等固有信息，又能够实时处理遇到的各种突发状况。最核心的技术包括了全景规划导航和实时视觉智能分析。扫地机器人具有多种工作模式，如越障模式、脱困模式、边角清扫模式、防碰撞模式、防跌落模式等。机器人每秒钟可以做出60多个智能决策来评估家庭需要采用的清洁模式（图5-3）。

擦玻璃机器人，又称玻璃清洁机器人，它能凭借自身底部的真空泵或者风机装置，在机身和玻璃之间产生真空部分，从而牢牢地吸附在玻璃上。然后借助智能算法，自主在玻璃上运动，自动规划擦窗路径，探测窗户的边角，有效代替人类从事各种情况下的玻璃清洁工作（图 5-4）。

图 5-4 ◇◇◇
擦玻璃机器人
图片来源：百度

2）家用陪伴机器人

家用陪伴机器人是围绕家庭中老人和儿童的陪护需求开发的一类智能机器人。主要功能集中在智能语音聊天、远程视频通话与监控、智能家居的连接和控制、婴幼儿启蒙教育以及部分网络服务等。其中使用了语音识别和语义理解、图像识别与视频分析、无线通信与控制、网络化智能服务等核心技术。

儿童看护类机器人会利用计算机视觉技术来实现机器人对大门、厨房、卫生间、阳台等扫描预警，防止孩子因家长疏忽独自进入危险场景出现意外；还会基于哭声预警、分贝预警，防止孩子受到保姆或者其他伤害。同时，这类机器人都具备部分互动式陪伴和教育功能（图 5-5、图 5-6）。

图 5-5 ◇◇◇◇
儿童陪护机器人
图片来源：百度

图 5-6 ◇◇◇◇◇◇◇◇
儿童看护教育机器人
图片来源：南京阿凡达机器人网站

图 5-7 ◇◇◇
陪伴机器人
图片来源：日本软银集团网站

具备情感交流功能的陪伴机器人，一般会搭载先进的语音识别系统，不仅可以和被陪护人进行对话聊天，还具有一定的智能情感分析能力，能了解、适应被陪护人的部分情感需求。但是，就目前的技术而言，还不能够实现真正的情感层面的人机交流（图 5-7）。

3）家用教育机器人

家用教育机器人的前身，是家用电子教育产品，比如面向儿童的早教机、点读机、点读笔等。随着人工智能技术和语音识别技术的不断突破，用于主动引导孩子学习的益智教育机器人，已经迅速发展成为重要的机器人分支（图 5–8）。

根据对孩子学习过程的研究结果，目前已有的家用教育机器人主要是通过培养孩子的学习兴趣以达到让孩子喜欢学习、爱上学习、学会学习的目的。而且通过融合仿生模拟、智能声控、环境感知、人机交互、机器视觉等新的技术，家用教育机器人将会以更加人性化的方式，让孩子掌握最基础的常识，包括自然知识、数理逻辑、国学知识和科学原理等（图 5–9）。

目前市场上的家用教育机器人由于受到语音交互技术和教育内容的多重制约，存在着同质化、内容单一以

图 5–8 ◇◇◇◇
儿童教育机器人
图片来源：乐高集团网站

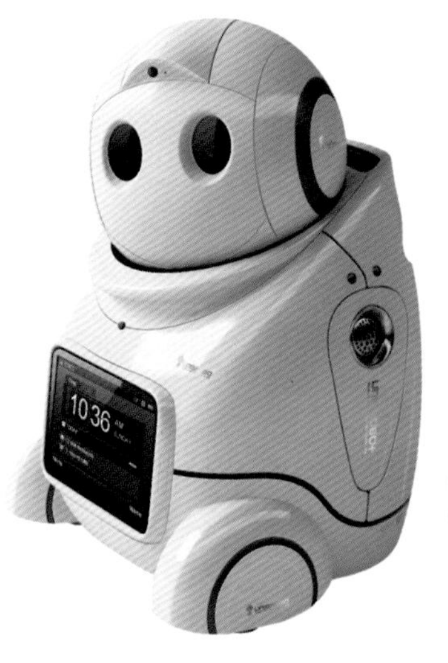

图 5–9 ◇◇◇◇◇
家用教育机器人
图片来源：百度

及儿童体验不好等问题。真正意义上的“家教式”机器人，还需要期待在语意理解、自主指导学习方向和内容、科学同步教育内容等方面取得实质性突破。

5.1.2 医疗服务机器人

1）手术机器人

手术机器人是一种智能化的手术平台，已广泛应用于多门临床学科，典型的有：泌尿外科，比如前列腺切除术、肾移植、输尿管成形术等；妇产科，比如子宫切除术、输卵管结扎术等；普通外科，比如胆囊切除术等。原国家食品药品监督管理总局（2018 年组建为国家市场监督管理总局）报告显示，医用机器人手术数量从 2005 年的 2.5 万例达到 2016 年的 65 万例，80% 的前列腺切除手术是由机器人完成的。在此只选取了部分产品，进行展示和功能说明。

（1）达芬奇手术机器人

目前全球最具影响力的手术机器人是达芬奇手术机器人，达芬奇手术机器人是直觉外科公司、国际商业机器公司（IBM）、麻省理工学院和 Heartport 公司联手开发的外科手术机器人。该机器人由三部分组成：外科医生控制台、床旁机械臂系统、成像系统，具有三维成像、触觉反馈和宽带远距离控制等功能，被认为是手术机器人中成功的典范（图 5–10）。

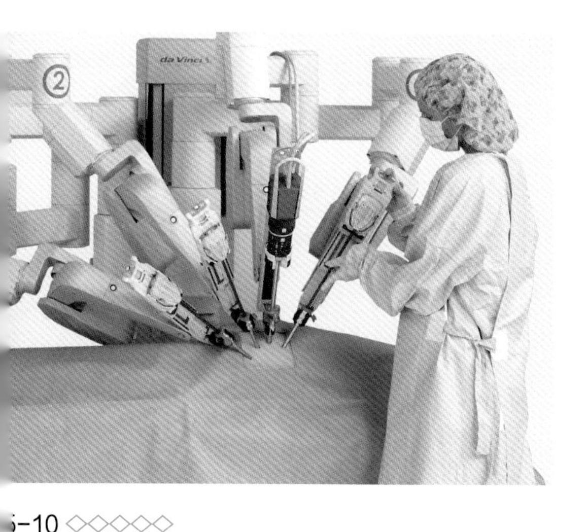

5–10 ◇◇◇◇◇
芬奇手术机器人
来源：百度

（2）“超敏”（Senhance）微创手术机器人

“超敏”微创手术机器人是 TransEnterix 公司新一代微创手术机器人（图 5–11），在临床试验中，该机器人辅助完成 150 例微创手术，结果证明其安全且性能可靠。美国食品药品监督管理局（FDA）审评专家认为“超敏”微创手术机器人在妇外科和结直肠微创手术中与达芬奇手术机器人临床效果不相上下。公司声称：他们的微创手术机器人系统具有首创功能：能跟随医生眼睛移动而移动观察视野并感触到触碰反馈感觉。这些特殊功能都是达芬奇手术机器人的“软肋”。另外，医生可以坐在 3D 成像屏幕前操作“超敏”微创手术机器人的 3 个手臂进行手术，而达芬奇手术机器人仍然保留了 4 个手臂。

（3）“睿米”（Remebot）神经外科导航定位机器人

这是一款应用于神经外科的手术机器人（图 5–12），是国内首款神经外科医疗机器人，可以辅助医生微创、精准、高效地完成手术。它由 3 个部分组成：计算机软件系统、实时摄像头和自动机械臂。借助机械臂末端的操作平台，医生可以实施活检、抽吸、毁损、植入、放疗等 12 类术式，用于脑出血、脑囊肿、帕金森、癫痫等近百种疾病的手术治疗。

（4）天玑骨科手术机器人

天玑骨科手术机器人是一个能够开展四肢、骨盆骨折以及脊柱全节段（颈椎、胸椎、腰椎、骶椎）手术的骨科机器人（图 5–13），由机械臂主机、光学跟踪系统、主控台车构成。天玑骨科机器人实现了

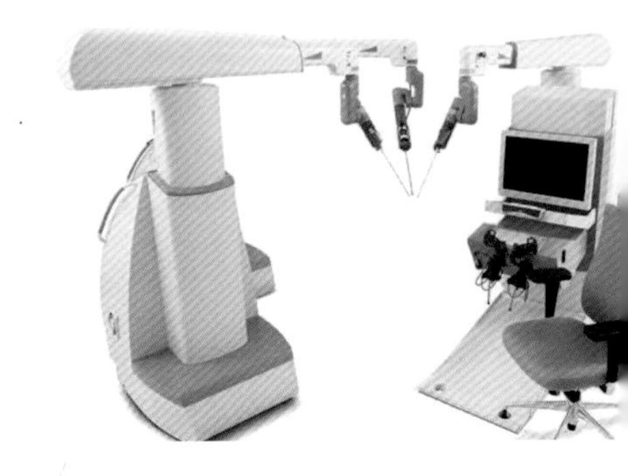

图 5–11
“超敏”（Senhance）微创手术机器人
图片来源：百度

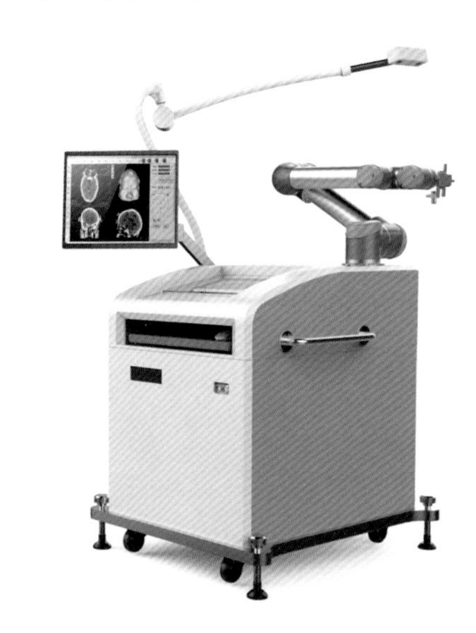

图 5–12
“睿米”（Remebot）神经外科导航定位机器人
图片来源：百度

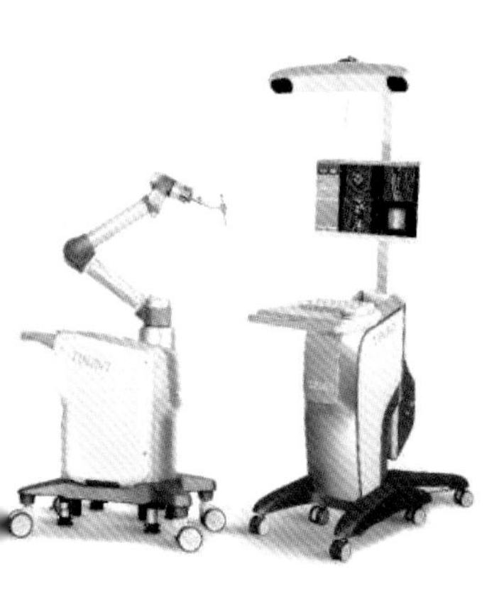

图 5-13 ◇◇◇◇◇◇◇
天玑骨科手术机器人
图片来源：百度

全美肿瘤权威专家认证
国医疗机构的历史癌症治疗案例
300种以上的医学期刊
250本以上的医疗书籍
1500万页论文研究数据
Watson for Oncology
遵循权威指南规范
每秒处理500GB数据
几秒之内筛选150万份患者记录
17秒阅读61540次实验数据、106000份临床报告

M“沃森”肿瘤诊断系统的操作流程包括
析患者医疗记录、提供治疗方案和排序

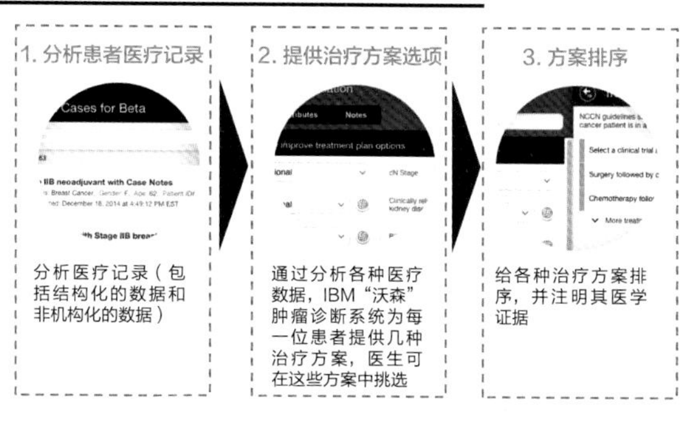

5-14 ◇◇◇◇◇◇◇◇◇◇◇◇
M 公司的“沃森”诊断系统

2D 与 3D 图像精确配准、机器人随动算法、机器人力反馈安全控制算法、综合避障算法等，能够通过三维影像与计算机导航系统进行精准定位，误差不到 1 毫米。

2）医疗诊断机器人

作为 IBM 公司打造的顶级智能分析平台，“沃森”（Watson）是继 1997 年超级电脑“深蓝”之后的又一力作。其中“沃森”肿瘤诊断系统（Watson for Oncology）已经推广到多个国家进行临床应用。该系统通过纪念斯隆 - 凯特琳癌症中心（MSK）外科医生的专业培训后，结合专家的知识，通过人工智能技术学习大量的研究成果、医疗记录和临床试验，为临床医师提供以证据为基础的治疗方案（图 5-14）。

3）康复治疗机器人

在医院里，对于一些需要进行康复治疗的病人或者残障人士，一般采用理疗师一对一指导，并且需要高成本、长时间的治疗，才能够有好的疗效。使用机器人辅助治疗可以提高效率和训练强度，比常规的治疗手段更有潜力。目前，国际上众多的研究机构和康复机构都争相在神经康复机器人方面进行开发和产品化研究。机器人辅助神经康复和运动训练已经成为康复技术最主要的发展趋势。在此选取了部分具有代表性的康复治疗机器人供大家参考。

（1）“ReWalk”系列机器人

该系列机器人是目前全球最成功的外骨骼康复机器人之一。“ReWalk Robotics”公司旗下共有两款产品，分别是“ReWalk Personal”和“ReWalk Rehabilitation”。“ReWalk”系列机器人主要由3个部分组成：①软件控制系统；②机械支撑和动力系统；③传感器系统。“ReWalk”系列机器人采用体感芯片捕捉患者的肢体动作，从而帮助行走。通过电池驱动关节部位的电机，组成电动腿部结构，在行走过程中可以感应患者重心的变化，模仿自然行走的步态，并能根据实际情况控制步行速度。患者可自行完成安装和拆卸（图5-15）。

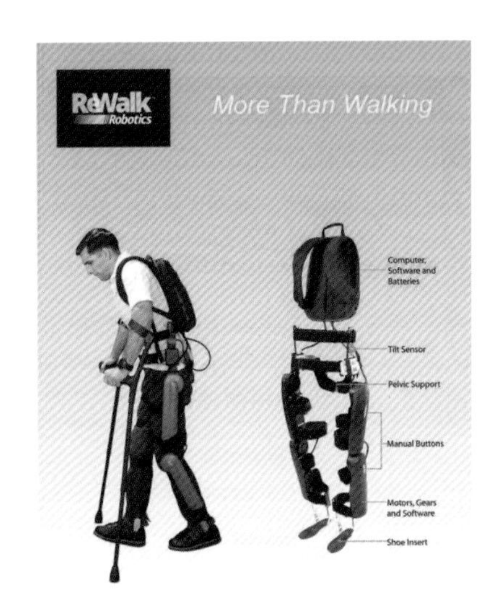

图5-15 ◇◇◇◇◇◇◇◇◇◇◇◇◇
“ReWalk”外骨骼康复机器人
图片来源：“Rewalk Robotics”官网

（2）“HAL-5”混合肢体辅助机器人

日本科技公司“赛百达因”（Cyberdyne）研制的“HAL-5”是一款半机器人，拥有自我拓展和改进功能。它装有主动控制系统，肌肉通过运动神经元获取来自大脑的神经信号，进而移动肌与骨骼系统。混合辅助肢体（HAL）可以探测到皮肤表面非常微弱的信号。动力装置根据接收的信号控制肌肉运动。“HAL-5”是一款可以穿在身上的机器人，高1.6米，重23千克，利用可充电电池（交流电100 V）驱动，工作时间可达到约 2 小时 40 分钟。“HAL–5”可以帮助佩戴者完成站立、步行、攀爬、抓握、举重物等动作，日常生活中的一切活动几乎都可以借助其完成。“HAL–5”装有混合控制系统，无论是室内还是户外均有不错表现（图 5–16）。

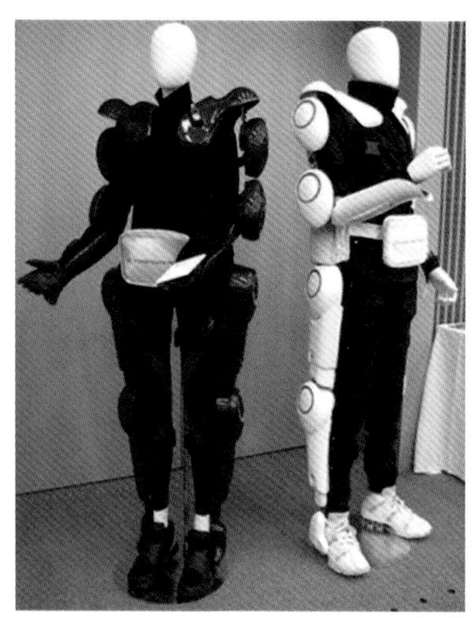
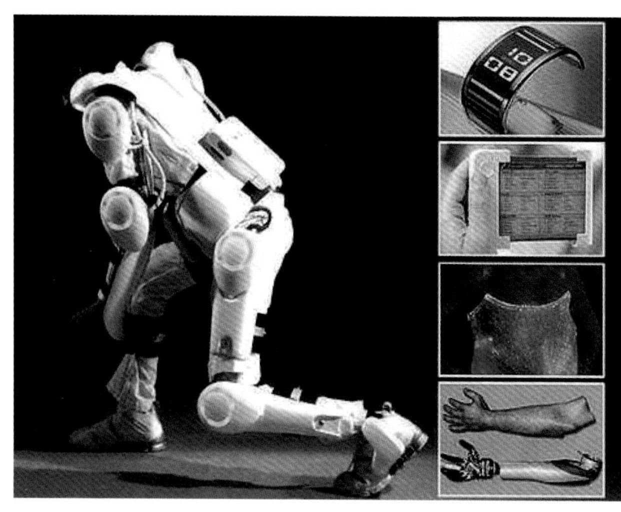

5–16 ◇◇◇◇◇◇◇◇◇◇◇◇◇
AL”系列肢体辅助机器人
来源：赛百达因网站

（3）凯文·格拉纳塔教授步行辅助设备

这款步行辅助设备用于帮助少肌症患者恢复身体机能（图 5–17）。少肌症可导致患者骨骼肌流失。这款步行辅助设备由美国弗吉尼亚理工大学的凯文·格拉纳塔教授研制。格拉纳塔早已经离开人世，但他研制的步行辅助外骨骼仍在帮助着很多患者。

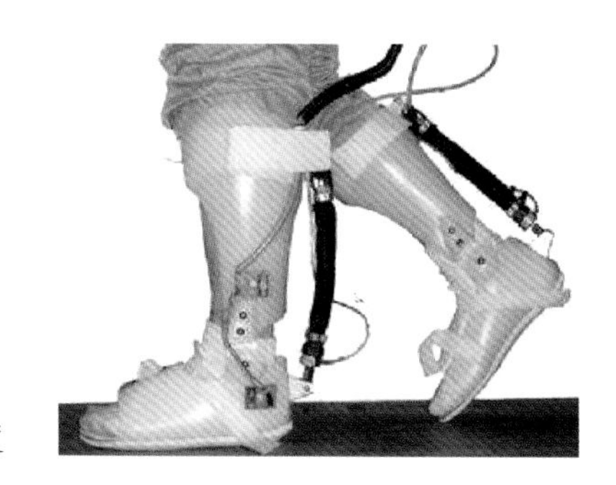

5–17 ◇◇◇
行辅助设备
来源：百度

（4）“Flexbot”外骨骼机器人

璟和技创机器人公司研发的7自由度外骨骼机器人“Flexbot”，其康复训练方式是减重步态训练，也就是通过悬吊等装置抵消人体重力，再通过电机带动人腿做行走训练（图5–18）。

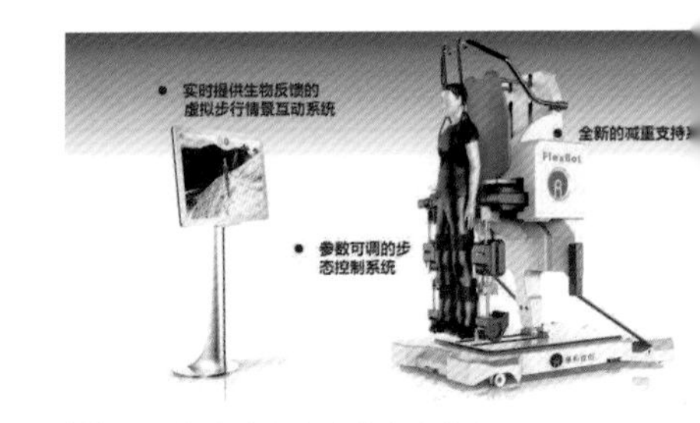

图5–18
“Flexbot”外骨骼机器人
图片来源：璟和技创网站

（5）大艾机器人

大艾机器人也是一家从外骨骼机器人切入市场的初创企业，帮助下肢运动功能障碍患者重新获得行走能力。相比于其他外骨骼机器人，大艾机器人的特点在于除了真实步态辅助行走外，还增加了多进程、多模式的康复训练功能，能进行步态矫正，为因脊髓损伤、脑损伤、骨折术后、人工关节置换、脑肿瘤术后等原因造成的下肢运动功能障碍的患者提供整个康复过程中评估、诊断、训练等所需的装备与系统（图5–19）。

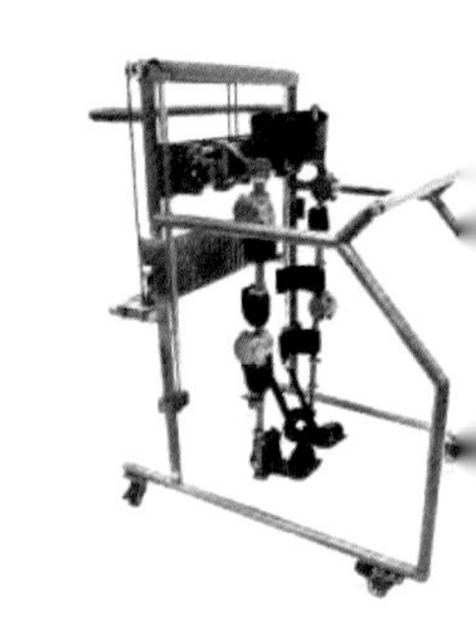

图5–19
大艾外骨骼辅助行走机
图片来源：北京大艾网站

（6）迈步机器人

迈步机器人发布的第三代外骨骼机器人产品“BEAR H1”主打专业医用级的外骨骼机器人（图5–20），其客户以医疗机构为主。通过骨骼级的分析，可以方便医生准确了解患者的步态与足底状况，且能够进一步挖掘激发患者残存的肌体功能，纠正患者的行走姿态，尽可能恢复患者正常行走能力。

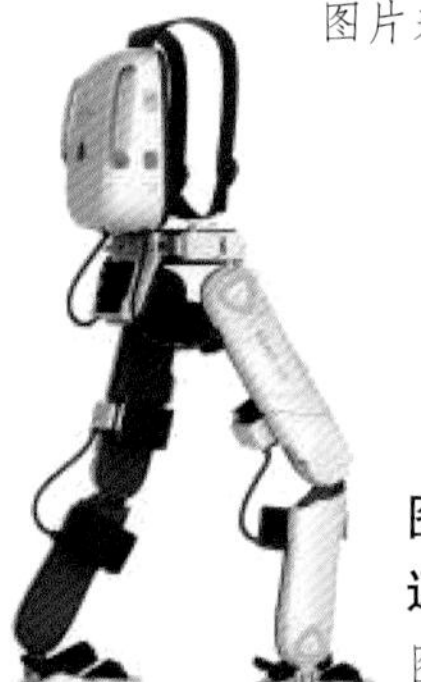

图5–20
迈步外骨骼辅助机
图片来源：深圳迈步

4）医疗辅助机器人

（1）健康管理机器人

受益于医疗应用在移动智能设备上的普及，移动医疗类健康管

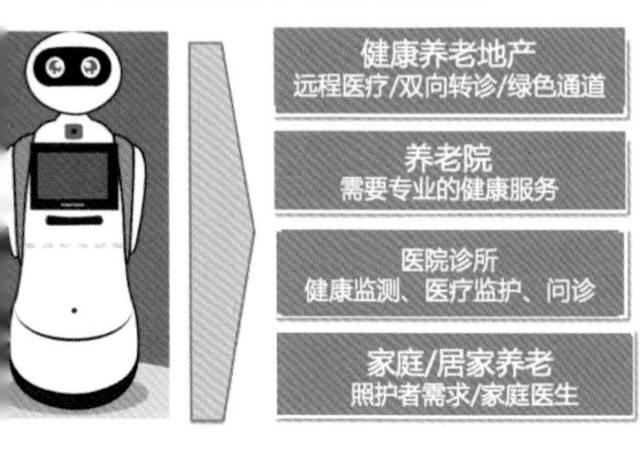

5-21 ◇◇◇◇◇◇◇◇◇◇◇
康服务机器人的应用领域

理产品迎来了一个重大契机。通过移动互联网技术，可穿戴设备、健康服务机器人、医疗大数据平台等新载体可随时记录、分析个人的健康数据，帮助个人进行健康管理，以及在一定程度上帮助个人预防慢性疾病，还可以使医疗服务更加便捷（图 5-21）。目前健康管理机器人的核心功能包括双向视频通话交流功能、持续的健康数据采集功能、紧急报警功能、健康关怀功能等。健康服务机器人可以降低家庭医生的工作量，提升其工作效率甚至完成家庭医生不能完成的任务，如老人夜起的关怀与健康监测。

家庭医生不是私人医生，是对服务对象实行全面的、连续的、有效的、及时的和个性化医疗保健服务和照顾的新型医生。

（2）病人看护

目前已经出现一些专门用于照顾行动不便的老年人、残疾人以及失智症患者的看护类机器人（图 5-22）。这类机器人一般都有比较拟人的友好外形，可以陪伴在病人周围，并随时执行看护和照顾的各项指令要求。比如搬运病人、拿取指定的物品、帮助病人穿衣服等（图 5-23）。

（3）医疗物流

针对医院的特殊环境和医疗领域的严格要求，一些专用的医疗

图 5-22 ◇◇◇◇◇◇◇◇◇◇
帮助病人拿东西的机器人
图片来源：百度

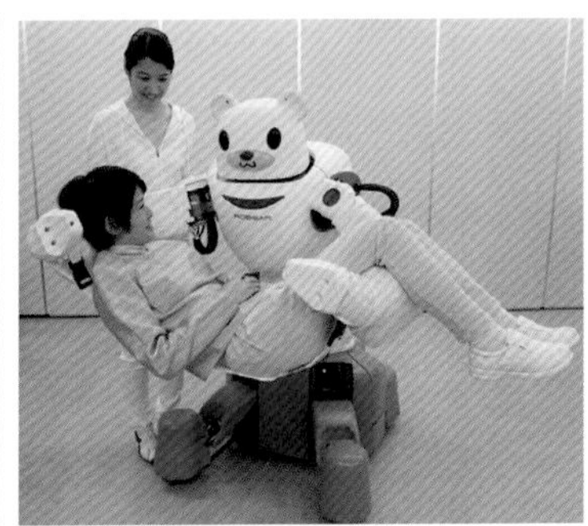

图 5-23 ◇◇◇◇◇◇◇◇◇
搬运病人的护理机器人
图片来源：百度

物流服务机器人被推向市场（图 5-24）。比如手术室配送机器人可通过与医院库房的医院信息系统（HIS）对接的软件系统，实现手术室和二级库房之间的耗材、器械等物品下单及自动配送的功能，避免手术过程中产生因高值耗材运送所导致的不便。其他类似的还有医用机器人智能仓库、医用物流接驳机器人等（图 5-25）。

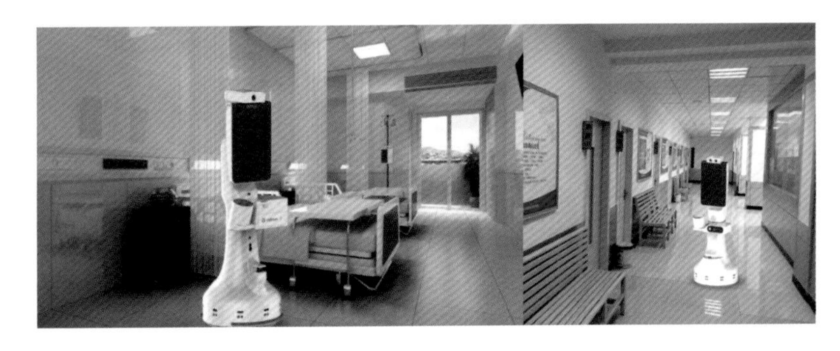

图 5-24 ◇◇◇◇◇◇◇
医疗物流服务机器人
图片来源：百度

图 5-25 ◇◇◇◇◇◇◇◇◇◇◇◇◇◇◇◇◇◇◇◇
医用机器人智能仓库、医用物流接驳机器人

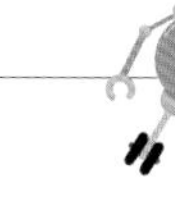

5.1.3 公共服务机器人

公共服务机器人是指面对公共领域指定任务的一类服务机器人，主要有迎宾机器人、送餐机器人、农业植保机器人、送货机器人等。

1）迎宾机器人

迎宾机器人一般是指能够在公共场合完成解说、对话、讲解、接待等任务的机器人。通常，该类型机器人都有拟人或者卡通的外形，包括头部、颈部、胳膊、躯体和底部行走机构等，分别完成一些模仿人类的动作。迎宾机器人可以进行简单的语音对话，可按设定的路线自主行走，并且能自主地躲避障碍物，遇到障碍物时，机器人能发出语音提醒。在技术层面，主要应用了语音识别技术、图像识别技术、电机控制技术、计算机通信技术、单片机应用技术、机械设计技术、材料成型技术等。具体功能包括自主迎宾、致欢迎辞、动作展示、人机对话等，由此被应用在银行、商城、会议等多种不同的场合（图 5-26）。

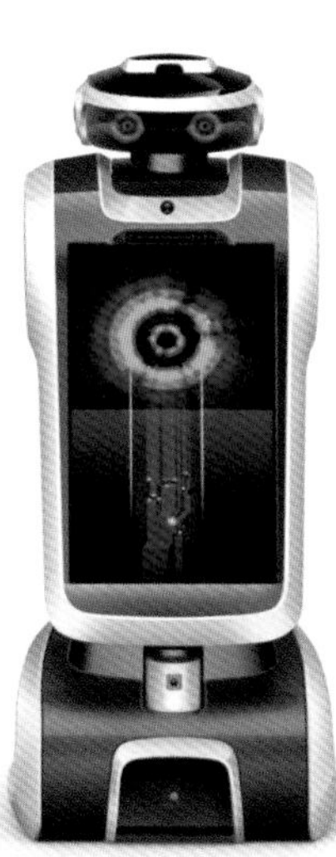

5-26 ◇◇◇
迎宾机器人
来源：百度

2）送餐机器人

送餐机器人，顾名思义，就是能够在餐厅等公共场所，按照餐厅的要求，实现自动点餐、送餐等功能，一般都可以进行简单的语音交流或者互动，并应用多种主动避障技术，实现在指定环境下的运动（图5-27）。送餐机器人不仅能够提升餐厅的高科技形象，更能够节省人力成本，减轻餐厅服务员的劳动强度。

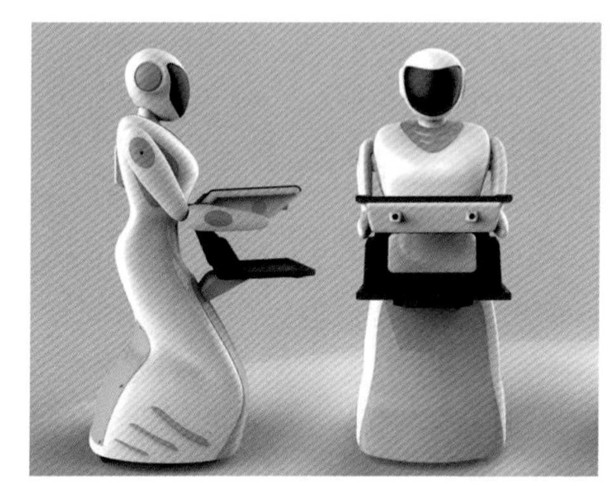
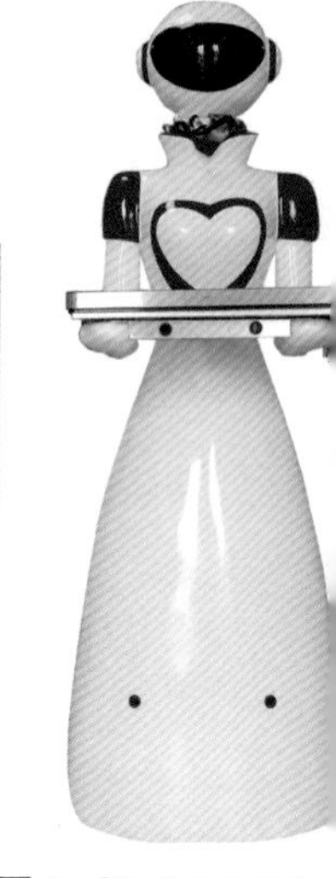

图 5-27 ◇◇◇◇◇
送餐机器人
图片来源：百度

3）农业植保机器人

农业植保机器人主要是针对农田中的喷药环节，因为在农业领域，耕地、种植、收割都已实现机械化，只有喷药还是以人工喷洒或者飞机大面积喷洒为主，从现代农业的要求和绿色环保的需求，农业植保机器人可以做到精准定位和小范围喷洒等（图5-28）。一般采用小型的自主植保无人机或者植保无人机与地面机器人配合共同完成喷药任务。

图 5-28 ◇◇◇
农业植保机器人
图片来源：百度

5-29 ◇◇◇◇◇
货机器人
来源：百度

4）送货机器人

送货机器人，主要用于物流快递行业，可以有效解决电商类企业外卖和快递的“最后一公里”问题，目前各大主流的电商厂家都已经开始布局自动配送的机器人，并在多个场合取得了实际应用（图 5-29）。

5.2 工业机器人

工业机器人是由机械本体、控制器、伺服驱动系统和传感系统构成的一种仿人操作、自动控制、可重复编程、能在三维空间完成各种作业的机电一体化设备（图 5-30）。迄今为止，工业机器人是机器人技术最重要的商业应用领域，并逐渐成为了现代制造业的重要支柱。

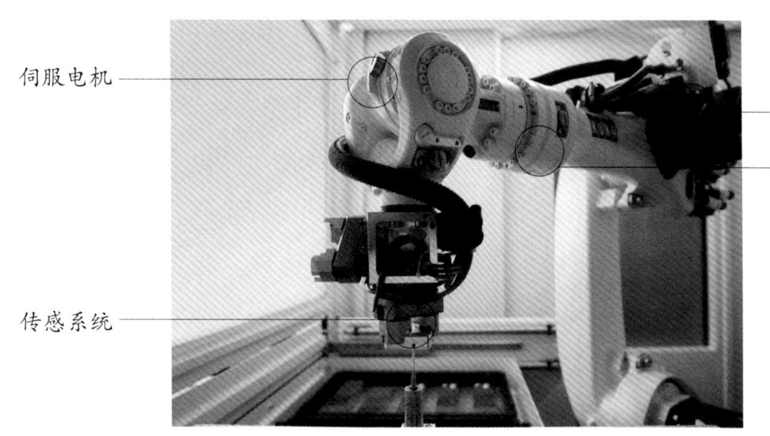

5-30 ◇◇◇◇◇◇◇◇
业机器人基本构成

工业机器人的产业结构如图 5-31 所示，其中位于上游的核心零部件包括高精度减速机，伺服系统（伺服驱动器、伺服电机等），高效控制系统等，这些也是目前国内自主创新的关键领域。

工业机器人的分类没有国际标准，可以从不同的角度进行分类，为了从接近生活的角度给大家提供相关信息，在此从应用的场景或者领域给出一个大概的分类（图 5-32），并对应展示一部分工业机器人产品代表。

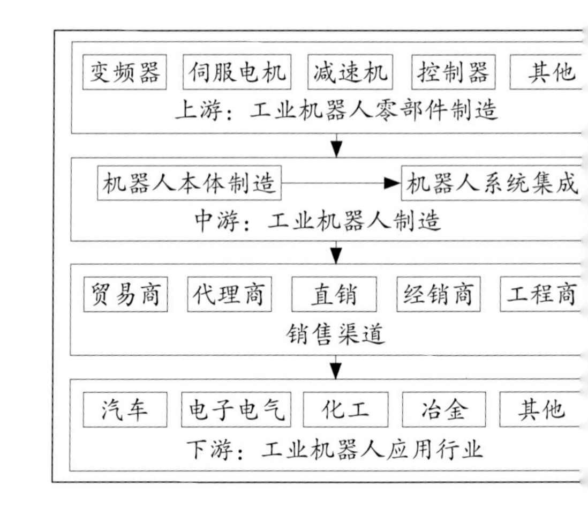

图 5-31
工业机器人上中下游产业示意

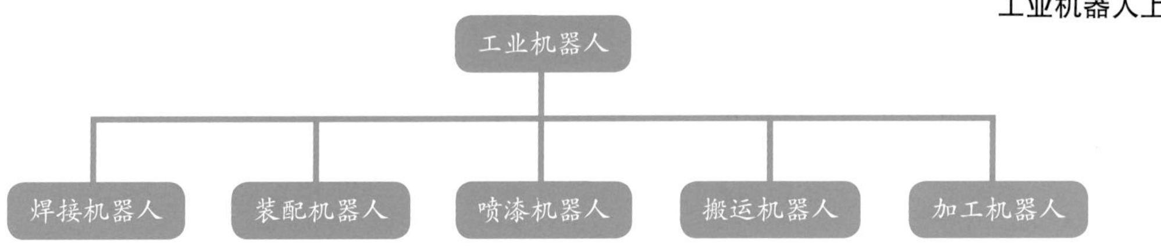

图 5-32
工业机器人应用分类示意

5.2.1 焊接机器人

焊接机器人是从事焊接（包括切割与喷漆）的工业机器人（图5-33~图5-35），具体来说就是在工业机器人的末轴法兰装接焊钳或焊（割）枪，使之能进行焊接，切割或热喷涂。焊接机器人主要的工作就是替代焊接岗位的工人，采用机器人焊接的话，相比人工焊接，优势主要有 ①焊缝质量更稳定，成型更美观；②焊接速度更快；③降低了工人的劳动强度。目前，焊接机器人广泛应用在多个工业制造领域，最热门的应用领域为汽车制造行业。

5-33 ◇◇◇◇
B 焊接机器人
片来源：ABB 公司网站

图 5-34 ◇◇◇◇◇
发那科焊接机器人
图片来源：发那科公司网站

图 5-35 ◇◇◇◇◇◇◇◇◇◇◇◇◇◇◇◇◇◇◇◇◇◇◇◇◇◇◇◇◇◇◇◇◇◇◇◇◇◇
库卡焊接机器人（左侧）和开元焊接机器人（右侧）
图片来源：库卡机器人网站、唐山开元公司网站

5.2.2 装配机器人

装配机器人是柔性自动化装配系统的核心设备，由机器人操作机、控制器、末端执行器和传感系统组成。其中操作机的结构类型有水平关节型、直角坐标型、多关节型和圆柱坐标型等；控制器一般采用多 CPU 或多级计算机系统，实现运动控制和运动编程；末端执行器为适应不同的装配对象而设计成各种手爪和手腕等；传感系统用来获取装配机器人与环境和装配对象之间相互作用的信息。与一般工业机器人相比，装配机器人具有精度高、柔顺性好、工作范围小、能与其他系统配套使用等特点，主要用于各种电器的制造行业（图 5-36~ 图 5-38）。

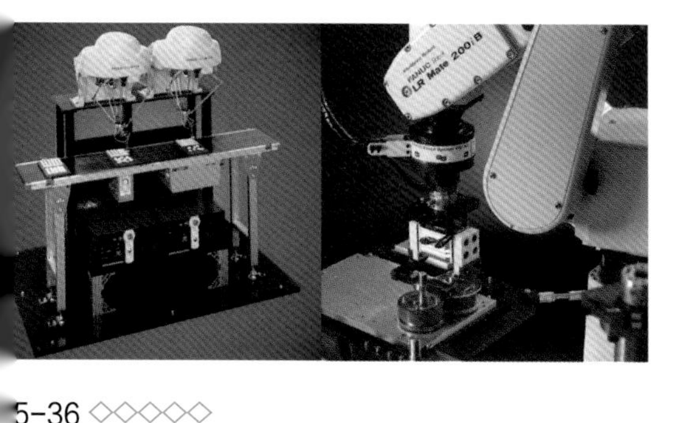

5-36 ◇◇◇◇◇
那科装配机器人
片来源：发那科公司网站

5.2.3 喷漆机器人

喷漆机器人（spray painting robot）是可进行自动喷漆或喷涂其他涂料的工业机器人，主要由机器人本体、计算机和相

图 5-37 ◇◇◇◇
库卡装配机器人
图片来源：库卡公司网站

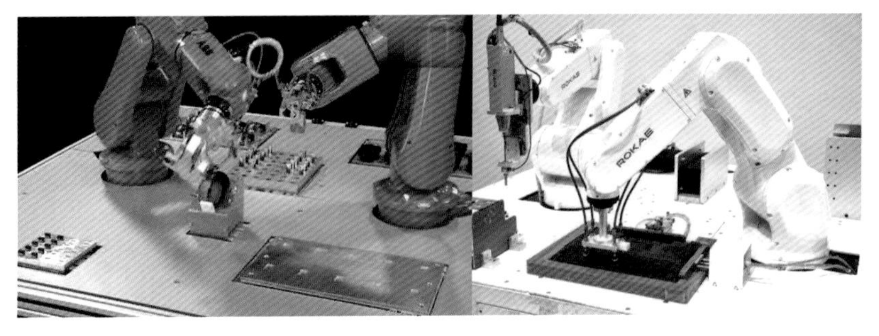

图 5-38 ◇◇◇◇◇◇◇◇◇◇◇◇◇◇◇◇◇◇◇
ABB装配机器人(左侧)和珞石(ROKAE)装配机器人（右侧）
图片来源：ABB 公司网站、珞石公司网站

应的控制系统组成，液压驱动的喷漆机器人还包括液压油源，如油泵、油箱和电机等。多采用 5 或 6 自由度关节式结构，手臂有较大的运动空间，并可做复杂的轨迹运动，其腕部一般有 2~3 个自由度，可灵活运动。较先进的喷漆机器人腕部采用柔性手腕，既可向各个方向弯曲，又可转动，其动作类似人的手腕，能方便地通过较小的孔伸入工件内部，喷涂其内表面。喷漆机器人一般采用液压驱动，具有动作速度快、防爆性能好等特点，可通过手把手示教或点位示数来实现示教。喷漆机器人广泛应用于汽车、仪表、电器、搪瓷等生产部门（图 5-39~ 图 5-41）。

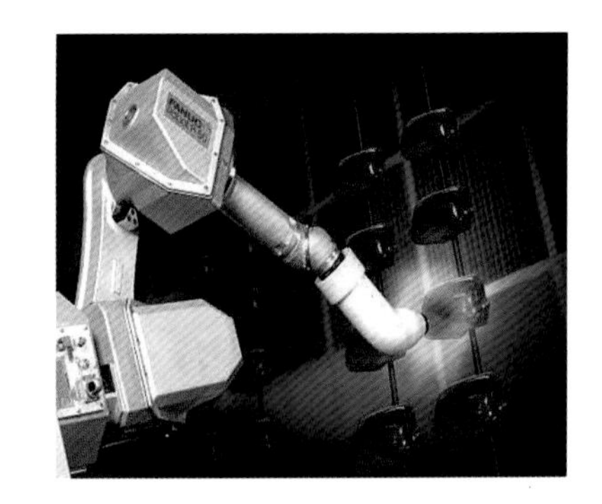

图 5-39 ◇◇◇◇◇
发那科喷涂机器人
图片来源：百度

图 5-40 ◇◇◇◇
木器喷漆机器人
图片来源：百度

图 5-41 ◇◇◇◇
汽车喷漆机器人
图片来源：百度

5.2.4 搬运机器人

搬运机器人是可以进行自动化搬运作业的工业机器人。搬运作业是指用一种设备握持工件，从一个加工位置移到另一个加工位置。搬运机器人可安装不同的末端执行器以完成各种不同形状和状态的工件搬运工作，大大减轻了人类繁重的体力劳动。搬运机器人被广泛应用于机床上下料、冲压机自动化生产线、自动装配流水线、码垛搬运、集装箱搬运等（图 5-42）。

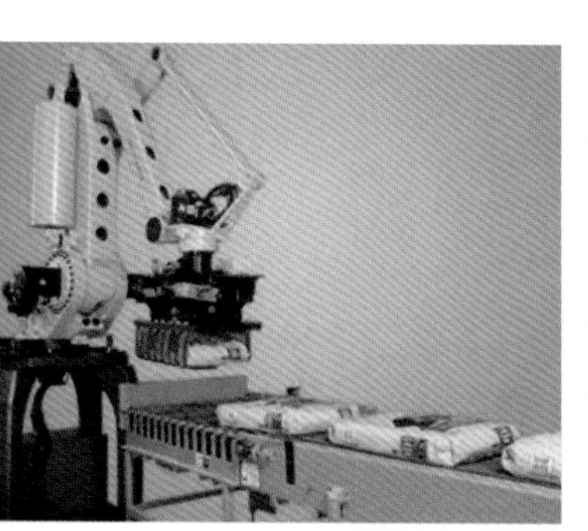

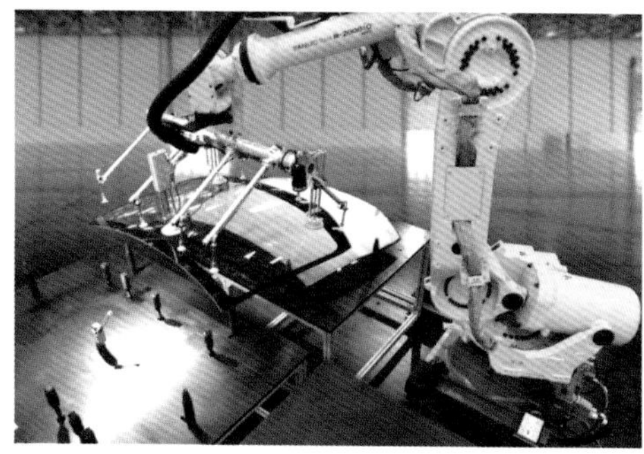

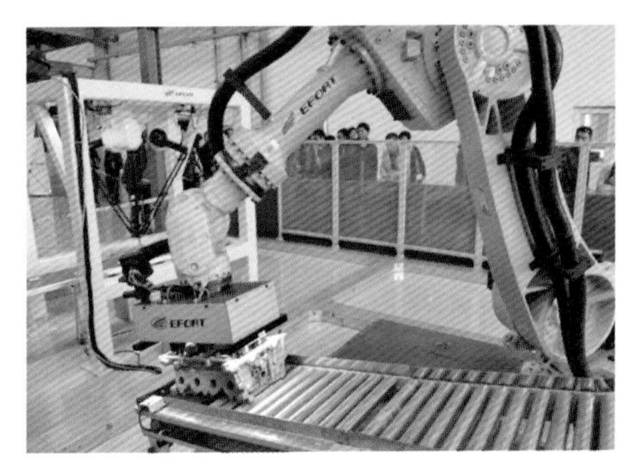

图 5-42◇◇◇◇
搬运机器人
图片来源：百度

5.2.5 加工机器人

加工机器人是将机器人技术应用于各类加工过程中，实现更加柔性的加工作业的高精度工业机器人。加工机器人一般通过对加工工件的自动检测，生成加工工件的模型，继而产生加工曲线进行加工，也可以利用 CAD 数据直接加工。加工机器人可用于工件的表面处理、打孔、焊接和模具修复等（图 5-43、图 5-44）。

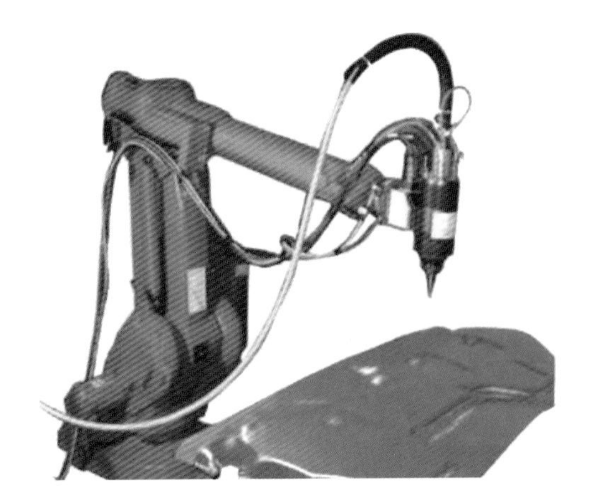

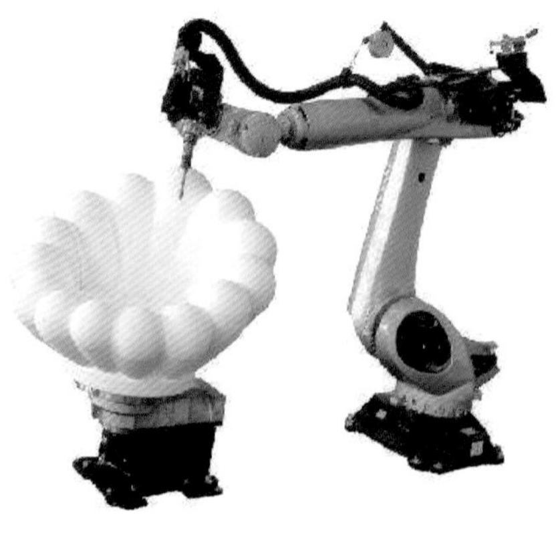

图 5-43 ◇◇◇◇◇◇◇◇◇◇
表面处理加工机器人（左侧）和雕刻加工机器人（右侧）
图片来源：百度

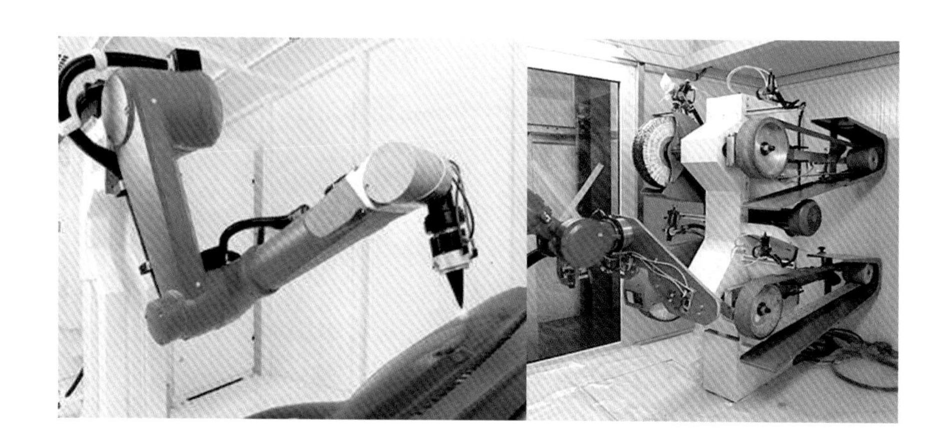

5-44 ◇◇◇◇◇◇◇◇◇◇
光加工机器人（左侧）
抛光加工机器人(右侧)
片来源：百度

5.3 特种机器人

随着机器人技术的快速发展，机器人种类也在不断增加，为了尽量全面囊括已有的机器人种类，在此用特种机器人来描述除了上文提到的服务机器人和工业机器人之外的、用于非制造业并服务于人类的各种机器人。

5.3.1 民用特种机器人

1）救援机器人

救援机器人，是一类专门为救援而研制的特种机器人，通过配备专用的探测、搜索、成像、通信等系统，救援机器人可以在特殊环境下代替人类完成多种复杂危险的工作，既增加了救援的成功率，又降低了救援人员的损伤率。常见的救援机器人有灾难侦察机器人、废墟搜救机器人、消防救援机器人、排爆机器人等（图 5-45~图 5-47）。

图 5-45 ◇◇◇◇
灾难搜救机器人
图片来源：百度

图 5-46 ◇◇◇◇
灾难勘察无人机
图片来源：百度

5-47 ◇◇◇◇
防灭火机器人
片来源：百度

2）勘探机器人

勘探机器人是专门代替或者辅助人类完成冶金、矿山、地质、海洋等多领域复杂环境下的勘察、测试等任务的一类机器人，常见的有钻井机器人（图 5-48）、海洋勘探机器人（图 5-49、图 5-50）、管道检测机器人（图 5-51）、矿山钻探机器人（图 5-52）等。

5-48 ◇◇◇◇
油钻井机器人
片来源：百度

图 5-49 ◇◇◇◇◇◇◇◇◇◇◇◇

水下自主勘探机器人——潜龙一号、二号和三号

图片来源：百度

小提示

潜龙号是无人无缆自主潜水器，可以自由行动，在较大的区域范围内进行精细探测，可以自主导航、自主作业以及自我保护。另外，我国的蛟龙号是载人潜水器，海龙号是无人遥控潜水器，两者均擅长局部作业、定点精细探测，却不擅长大范围精细探测。

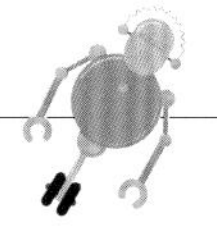

-50 ◇◇◇◇◇◇◇
自主勘探机器人
来源：百度

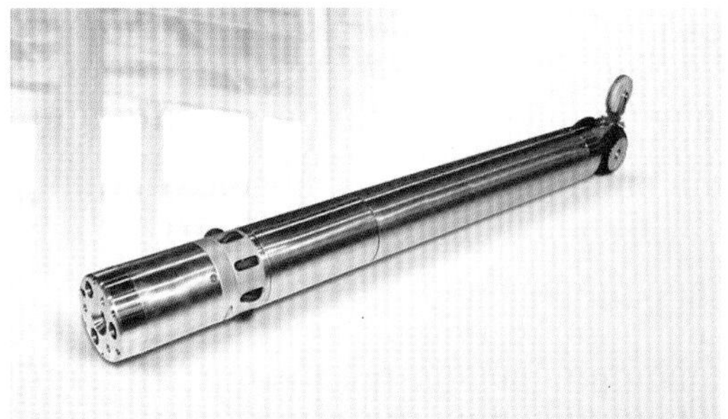

-51 ◇◇◇◇
检测机器人
来源：百度

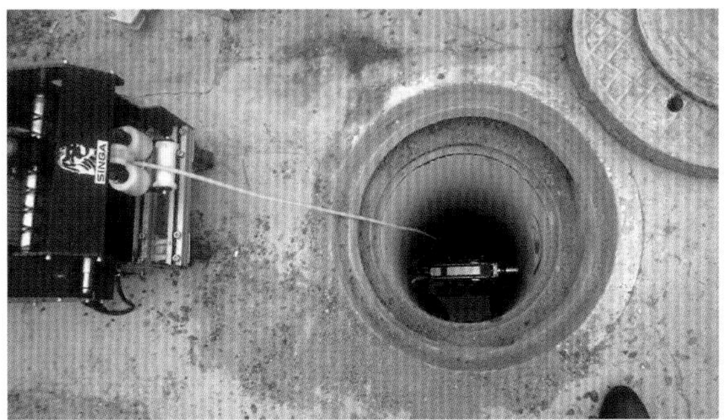

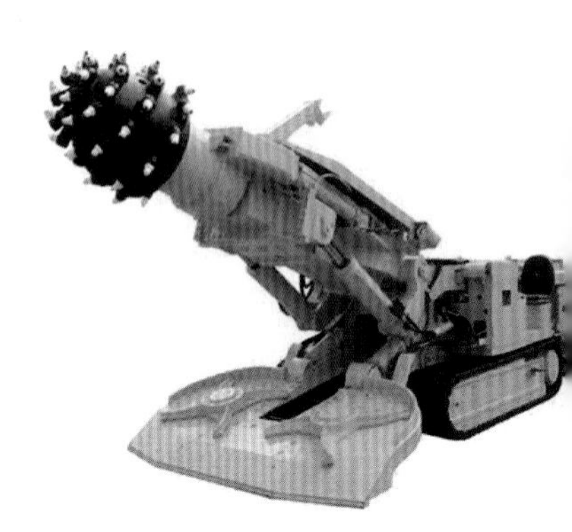

图 5-52 ◇◇◇
矿山钻探机器
图片来源：百

3）巡检机器人

巡检机器人主要用于一些有特定要求的危险场所，代替人工巡检，降低劳动强度和风险，提高生产安全等。常见的有轨道式综合巡检机器人、综合管廊巡检机器人、变电站智能巡检机器人等（图 5-53～图 5-55）。

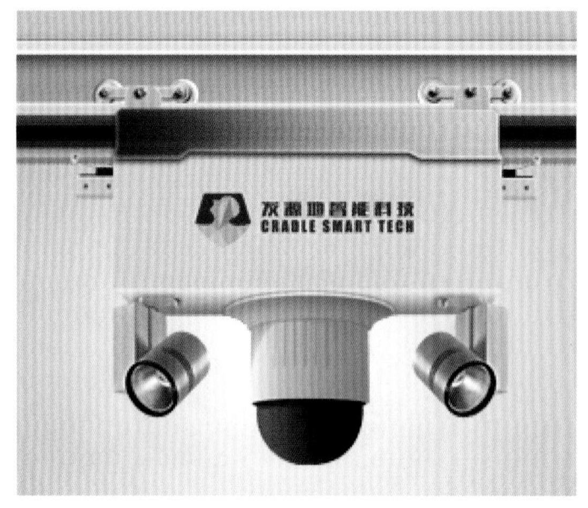

图 5-53 ◇◇◇◇◇◇◇◇
轨道式综合巡检机器人
图片来源：百度

5-54 ◇◇◇◇◇◇◇
合管廊巡检机器人
片来源：百度

图 5-55 ◇◇◇◇◇◇◇◇
变电站智能巡检机器人
图片来源：百度

4）太空机器人

太空机器人（Space Robots）是用于代替人类在太空中进行科学试验、出舱操作、空间探测等活动的特种机器人（图 5-56～图 5-60）。太空机器人代替宇航员出舱活动，可以大幅度降低人员受伤风险和太空运行成本。

5-56 ◇◇◇◇◇◇◇◇◇◇
SA 的机器人宇航员
Robonaut 2"
片来源：百度

图 5-57 ◇◇◇◇◇◇
日本的宇航员小伙伴机器人“Kirobo”
图片来源：百度

图 5-58 ◇◇◇◇◇◇◇◇◇◇◇◇◇◇◇◇◇◇◇◇
组员互动移动伴侣“西蒙”（CIMON）
图片来源：百度

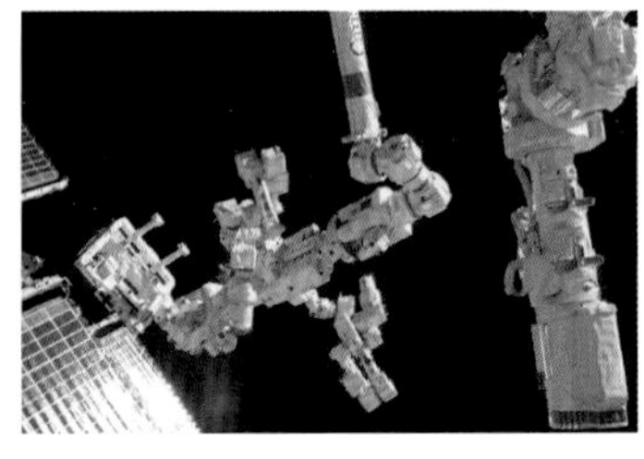

图 5-59 ◇◇◇◇◇◇
太空站维修机器人
图片来源：百度

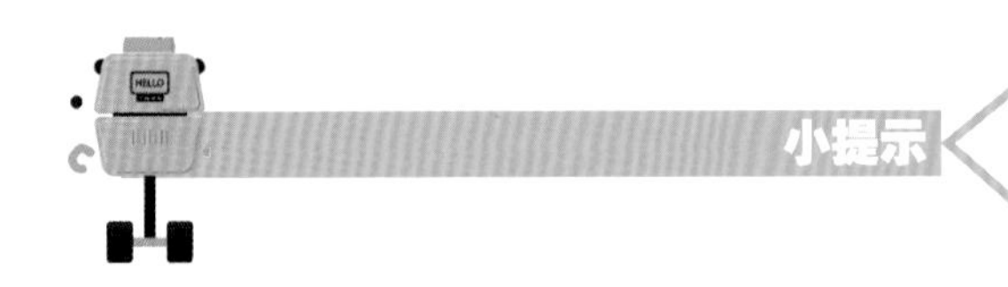

“西蒙”由德国航空太空中心、欧洲空中客车公司、美国 IBM 和德国慕尼黑大学共同打造，能够通过语音和人类交互，由 SpaceX 公司于 2018 年 6 月 29 日发射“猎鹰 9 号”火箭搭载的“龙”飞船运送到国际空间站。

图 5-60 ◇◇◇◇◇◇◇◇◇
月球登陆车——玉兔（左侧）和火星登陆车——好奇号（右侧）
图片来源：百度

5）特殊材料机器人

随着材料科学的快速发展，最近出现了一系列与特殊材料结合的特种机器人，而且组成上也从单一的材料过渡到了多种材料，再到了智能材料，现在正向着生物材料前进。这类机器人一般都使用结合驱动、传感、变刚度、多功能的复合材料，再通过特殊的控制方法实现其各项功能。有些是完全依靠特殊材料的自身特性实现可控的动作，如软体机器人（图 5-61~图 5-64）；有些则是依赖材料制备的技术，将传统的机器人结构与特殊材料互为补充，以期实现特定的功能，如纳米机器人（图 5-65）等。在此只举出几个例子，供大家参考。

5-61 ◇◇◇◇◇◇◇◇◇◇◇◇◇◇◇
sto 公司的章鱼触手软体机器人
片来源：百度

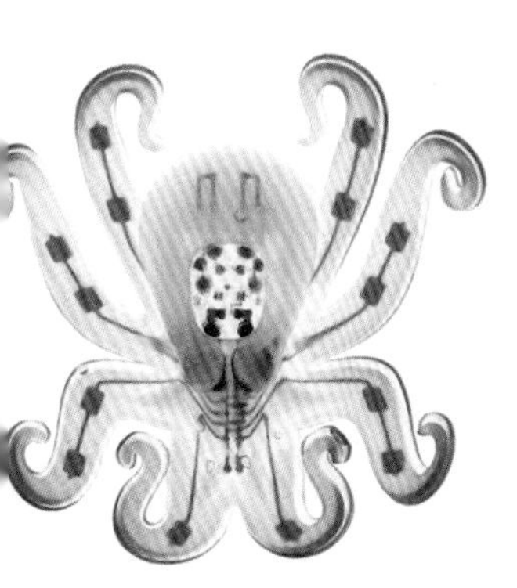

5-62 ◇◇◇◇◇◇◇◇◇◇
obot 气动软体机器人
片来源：百度

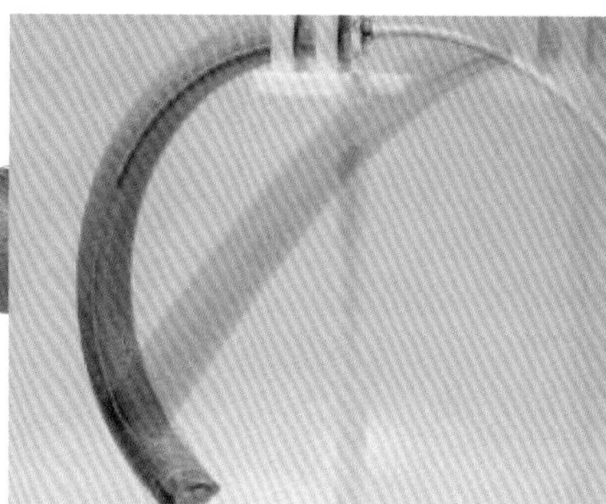

图 5-63 ◇◇◇◇◇◇◇◇◇◇◇◇
哈佛大学的助残软体机器人
图片来源：百度

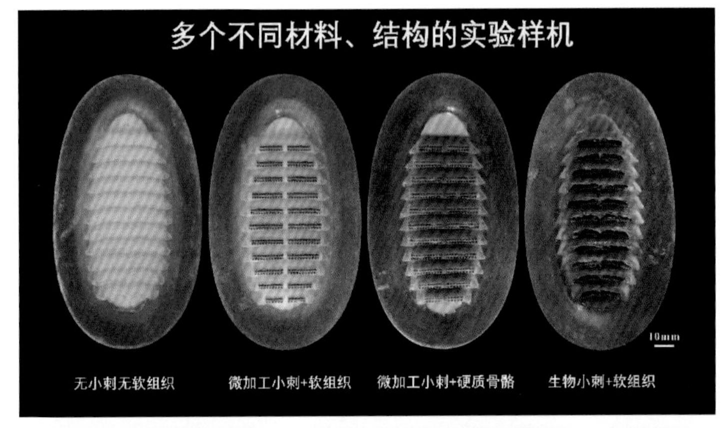

图 5-64 ◇◇◇◇◇◇◇
仿生吸盘软体机器人
图片来源：百度

图 5-65 ◇◇◇◇◇◇◇
医用纳米机器人示意
图片来源：百度

5.3.2 军用特种机器人

军用特种机器人是一种用于军事领域的具有某种仿人功能的机器人，从战场侦察、物资运输到实战进攻，都得到了大规模的应用。由于涉及各国的军事机密，能够公开的资料相对较少也比较滞后，在此主要是给出部分公开的军用机器人（图 5-66～图 5-77），供读者参考。

1）后勤保障用机器人

-66 ◇◇◇◇◇◇◇◇◇◇
体外骨骼助力机器人
来源：百度

图 5-67 ◇◇◇◇
军用运输机器人
图片来源：百度

-68 ◇◇◇◇
排爆机器人
来源：百度

图 5-69 ◇◇◇◇
军用排雷机器人
图片来源：百度

2）战场侦察用机器人

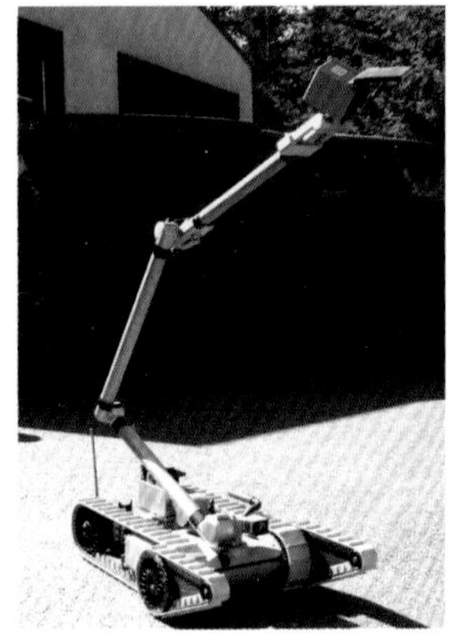

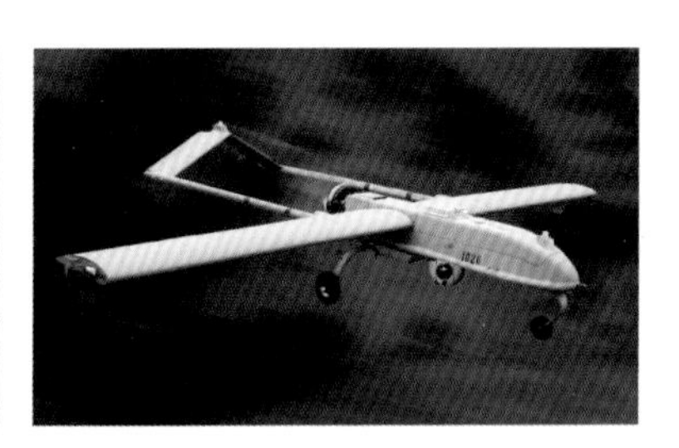

图 5-70 ◇◇◇◇◇◇◇◇
战术侦察多用途机器
图片来源：百度

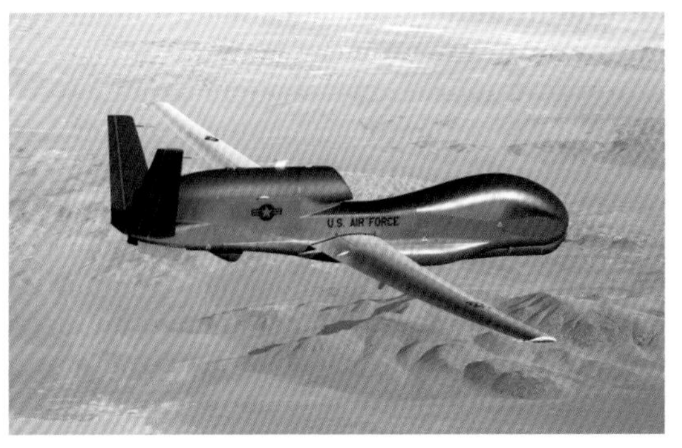

图 5-71 ◇◇◇◇
军用无人侦察机
图片来源：百度

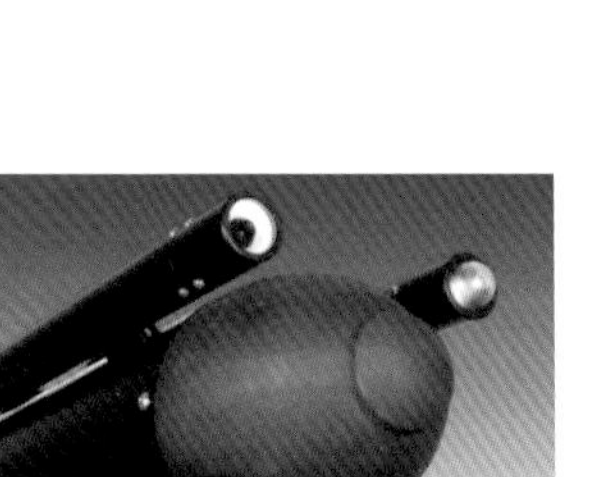

图 5-72 ◇◇◇◇
军用无人潜航器
图片来源：百度

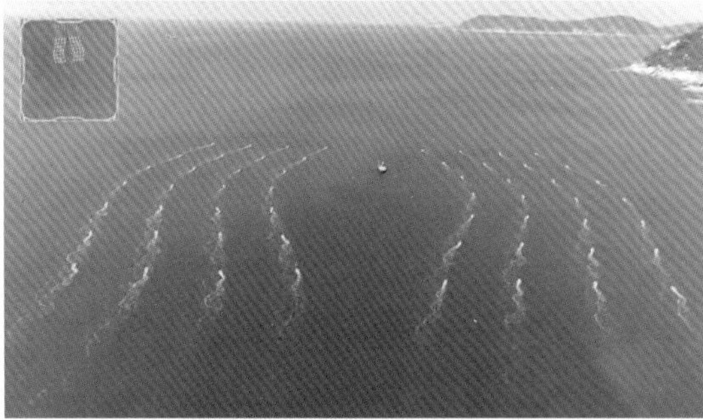

图 5-73 ◇◇◇◇◇
无人舰艇编队演习
图片来源：百度

图 5-74 ◇◇
军用无人快艇
图片来源：百度

3）实战进攻用机器人

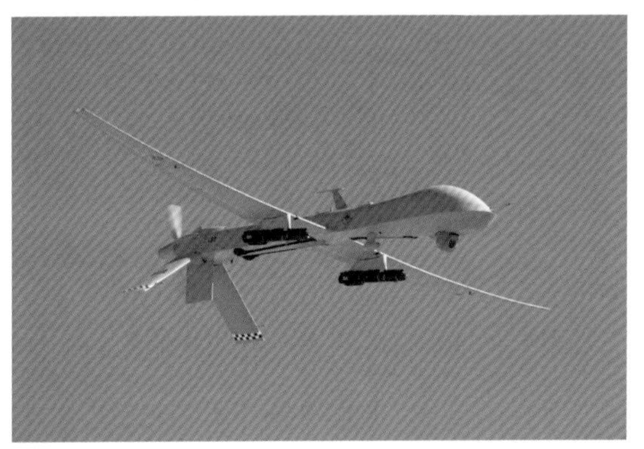

图 5-75 ◇◇◇◇
军用无人攻击机
图片来源：百度

图 5-76 ◇◇◇◇◇◇◇
军用无人攻击机器人
图片来源：百度

图 5-77 ◇◇◇◇◇◇◇
军用战斗坦克机器人
图片来源：百度

第六章

青少年的机器人

机器人能够成为一种对青少年极具吸引力的事物，不仅仅因为其炫酷的外形和各种神秘的黑科技，更因为其能够带给青少年的那种潜移默化的能力提升和智力培育。为此，全球各地都不约而同地采用了机器人竞赛的方式，让更多的青少年参与到机器人的设计与操作中。他们自己动手设计机器人，根据自己的思路去改造机器人，用自己设计的机器人取得赛场上的冠军，不断提升自己的创新能力、实践能力、团队协作能力和社会沟通能力等。

由于机器人技术的快速发展，机器人相关的各种比赛也是层出不穷，在此只能尽量将具备一定影响力的比赛进行一个简单的汇总，供大家参考。

● 6.1 机器人世界杯大赛（RoboCup）

该项赛事是世界机器人竞赛领域影响力非常大、综合技术水平高、参与范围广的专业机器人竞赛，最早是由加拿大不列颠哥伦比亚大学的教授艾伦·麦克沃思（Alan Mackworth）在1992年的论文《On Seeing Robots》中提出的设想。后来该设想得到更多大学教授们的支

持，并于1997年8月在日本的名古屋举办了第一次正式的RoboCup比赛。“RoboCup”（图6-1）这个缩写主要是参照了其中的一个比赛：机器人足球世界杯（Robot Soccer World Cup），除此之外，还有机器人救援大赛（RoboCupRescue），机器人世界杯生活服务大赛（RoboCup@Home），机器人世界杯工业大赛[RoboCupIndustrial，包括机器人世界杯工作大赛（RoboCup@Work）和机器人世界杯物流联赛（RoboCup Logistics League）]，机器人世界杯青少年赛（RoboCupJunior）等。

6-1 ◇◇◇◇◇◇◇◇◇◇◇
器人世界杯比赛的赛徽

赛事的目标是：到21世纪中叶，诞生一支完全自主的类人机器人足球队，在国际足联的规则下，打赢同期的人类世界杯冠军队。

其官方网站为：http://www.robocup.org/，国内由中国自动化学会机器人竞赛工作委员会负责的选拔赛网站为：http://robocup.drct-caa.org.cn/。

比赛类型和简单说明见表6-1和图6-2、图6-3。

表6-1　RoboCup比赛类型和简单说明

比赛类型		简单说明
机器人世界杯足球大赛（RoboCupSoccer）	小型组足球赛	每队有6个小型机器人，每个机器人的尺寸要控制在直径18厘米的圆形范围内，高度不超过15厘米，比赛场地尺寸是9米×6米
	中型组	每队5个机器人，足球是FIFA规定的标准足球，机器人自行设计，但限制最大尺寸和重量
	类人组	自制类人机器人进行比赛，根据实际情况制定具体的比赛规则
	标准平台组	使用来自日本软银公司的“NAO”机器人参加比赛，比赛规则根据情况每年进行调整
	足球仿真组	一项经典的足球机器人赛事，利用计算机模拟足球比赛，分为2D和3D两种类型

（续表）6-1

比赛类型		简单说明
机器人世界杯救援大赛（RoboCupRescue）	救援机器人赛	机器人具备移动通信、路径规划、多传感系统和现场操作等多种功能，面临灾难场景下的各种复杂条件，完成特定的搜索和救援任务
	救援仿真赛	用计算机软件模拟各种灾害现场，并采用多种策略，实现仿真机器人的救援比赛
机器人世界杯生活服务大赛（RoboCup@Home）	开放平台赛	自行设计平台，体现机器人对家庭的服务功能
	家用平台赛	使用统一的“Toyota Human Support Robot”（HSR）比赛平台，围绕家庭服务各项任务开展比赛
	社会平台赛	使用统一的日本软银公司的“Pepper”机器人平台，进行围绕社会各项活动的比赛
机器人世界杯工业大赛（RoboCupIndustrial）	工程赛	使用自行设计的机器人，结合工业领域的相关任务背景，开展比赛
	物流赛	面向智能工厂的生产需求，设计机器人完成相关的计划调度和物流等柔性制造环节的任务
机器人世界杯青少年大赛（RoboCupJunior）	标准场地足球赛	每队 2 个机器人，在标准封闭场地内进行足球比赛
	擂台足球赛	在规定的擂台上进行足球比赛
	救援赛	在设计好的一个复杂环境中比赛完成特定任务的数量和质量

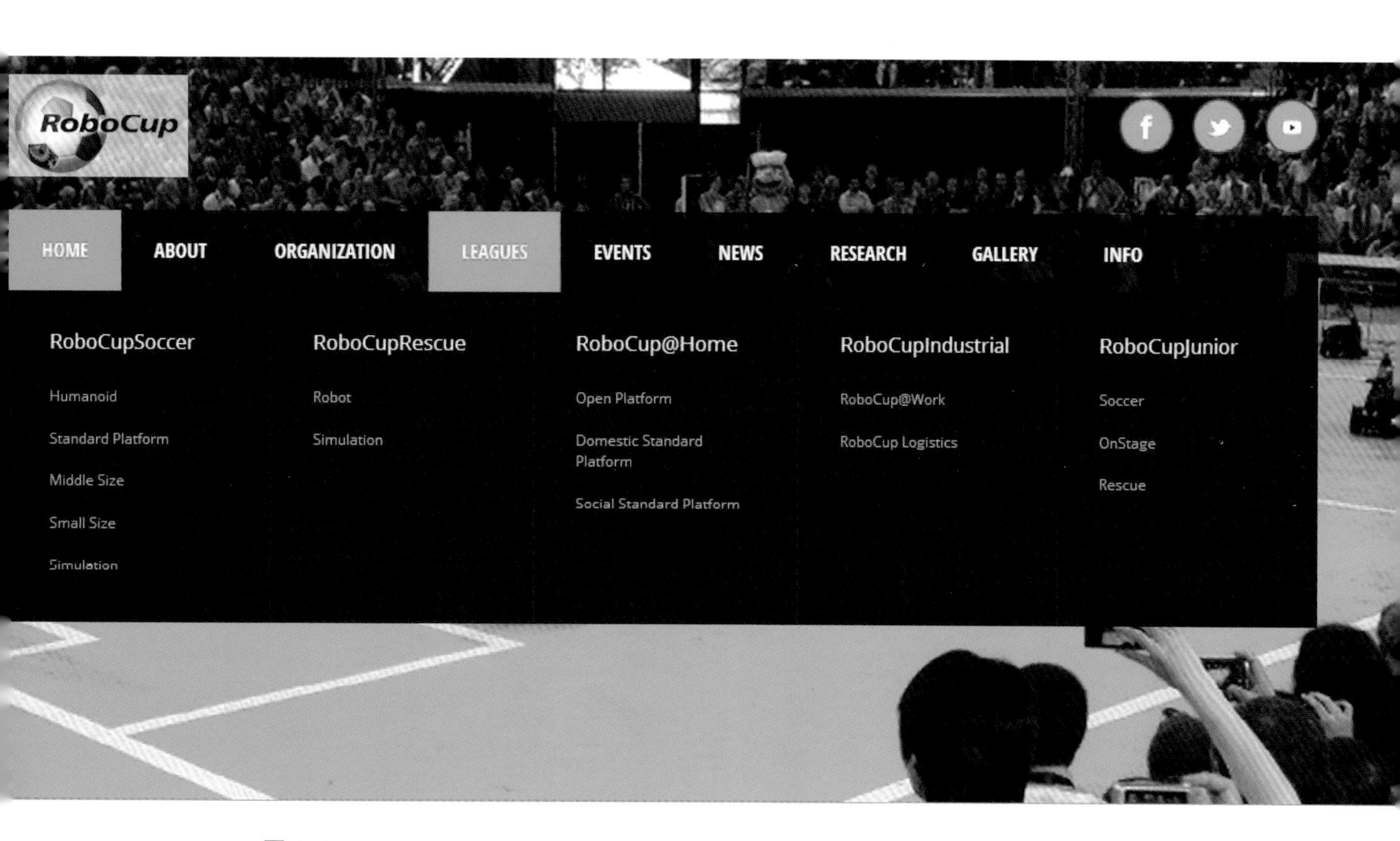

图 6-2 ◇◇◇◇◇◇◇◇◇◇◇
机器人世界杯网站的分类
（5 大类，15 个子类）
图片来源：RoboCup 网站

图 6-3 ◇◇◇◇◇◇
部分比赛实况展示
图片来源：RoboCup 网

● 6.2 FIRA机器人世界杯比赛（FIRA Robot World Cup）

该赛事的前身是1996年开始举办的微型机器人足球世界杯比赛（MiroSot Cup），使用的机器人尺寸很小（7.5厘米 ×7.5厘米 ×7.5厘米），赛事重点关注多个微型机器人的协同与自治问题。从1998年到2008年，比赛名称更改为国际机器人足球运动联合会世界杯比赛[The Federation Of Ninternational Robot-sport Association（FIRA） Cup]（图6-4），2009年至今一直使用FIRA机器人世界杯比赛（FIRA Robot World Cup）。同时，比赛的类型也扩展到无人机比赛（FIRA AIR）、机器人体育比赛（FIRA Sports）、机器人挑战赛（FIRA Challenges）和青少年机器人比赛（FIRA Youth）等。

6-4 ◇◇◇◇◇◇◇◇◇◇
器人足球世界杯比赛

该项赛事的宗旨是：将科技精神传承给年轻一代，并把机器人技术普及给大众；促进自主多智能体机器人系统的协同技术全面发展，并为这个特殊领域的最新技术改进做出贡献；将机器人技术、传感器融合技术、智能控制技术、通信技术、图像处理技术等不同背景下的研究人员和学生汇集到一个新的、不断发展的智能自主机器人比赛平台上，共同努力使FIRA机器人世界杯比赛成为真正的科技比赛。

其官方网站为：http://www.firaworldcup.org/。

比赛类型和简单说明见表6-2和图6-5、图6-6。

表 6-2 FIRA 机器人世界杯比赛类型和简单说明

比赛类型		简单说明
FIRA 无人机大赛（FIRA AIR）	自主竞速赛	设计能够自主导航的无人机，在没有人为遥控的基础上，展开飞行竞速比赛
	紧急救援赛	设计自主控制的无人机，在城市环境下完成一些紧急服务工作
FIRA 机器人体育比赛（FIRA Sports）	类人机器人体育赛	设计类人的双足机器人，进行包括踢球和跑、跳等多种复杂体育运动的比赛
	传统移动自主机器人足球赛	设计全自主移动的足球机器人，并在规定的赛场内开展比赛
	机器人足球仿真赛	设计足球比赛的算法，并在仿真平台上进行机器人足球仿真赛
	Android 平台机器人足球赛	设计基于 Android 平台的移动自主机器人，在指定场地内进行足球比赛
FIRA 机器人挑战赛（FIRA Challenges）	群体机器人比赛	设计群体机器人，通过相互配合，联合完成指定的任务
	焊接机器人比赛	设计专门用于焊接工作的机器人，在指定区域进行焊接比赛
	微型灾难救援机器人挑战赛	设计全尺寸人形机器人，由人遥控操作，完成一些复杂环境中的灾难救援等任务
FIRA 机器人青少年比赛（FIRA Youth）	青少年机器人体育运动赛	机器人体育运动的青少年比赛，更注重创新思维和设计理念
	青少年类人机器人赛	设计类人机器人在复杂环境下完成多种任务的青少年比赛
	青少年机器人速度拉力赛	设计自主控制机器人在指定路线上进行竞速比赛
	青少年救灾机器人挑战赛	面向青少年的救灾机器人设计和指定任务的挑战赛
	青少年攀岩机器人比赛	设计攀岩机器人并在指定场地进行比赛
	挑战不可能的任务机器人比赛	提出一些挑战任务，利用有限的资源和设备，设计机器人并完成任务的比赛

Main Page　Participants ▸　About ▸　Leagues ▸　Events ▸　Organization ▸　FIRA Frontier Camp (FFC) ▸　Media Center ▸

Leagues

FIRA AIR
- Autonomous Race
- Emergency service

FIRA Sports
- HuroCup
- RoboSot
- SimuroSot
- AndroSot

FIRA Challenges
- Swarm Robots
- Wheeled Challenge
- Mini-DRC Humanoid

FIRA Youth
- Sport Robots
- HuroCup Junior
- CityRacer
- DRC-Explorer
- Cliff Hanger
- Mission Impossible

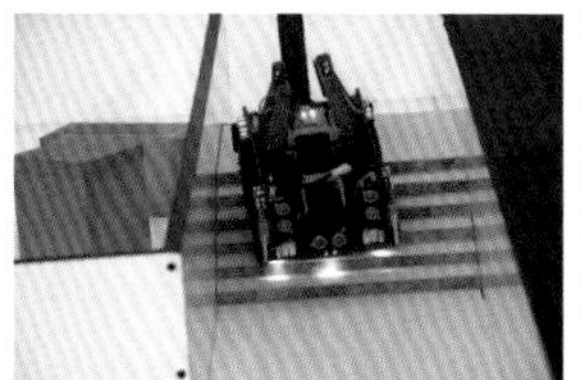

6-5 ◇◇◇◇◇◇◇◇◇◇◇◇
RA 机器人世界杯官网的
类图（4 个大类，15 个
类）
片来源：FIRA 机器人世界
比赛网站

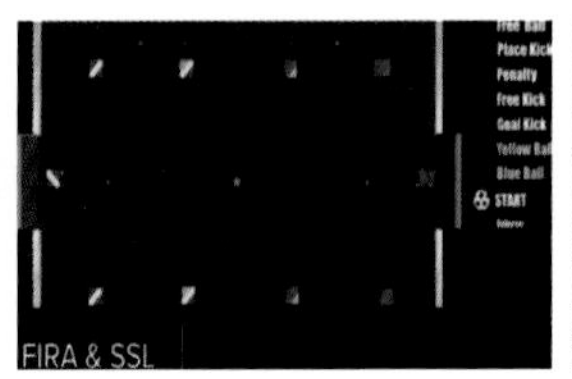

图 6-6 ◇◇◇◇◇◇◇◇◇
部分参赛作品实况展
图片来源：FIRA 机器人
界杯比赛网站

● 6.3　中国机器人大赛

根据中国自动化学会机器人竞赛工作委员会网站（http://www.rcccaa.org/）和中国自动化学会机器人竞赛与培训部网站的介绍，目前，国内影响力最大的机器人竞赛是原中国机器人大赛暨 RoboCup 中国公开赛。该项赛事从 1999 年开始到 2015 年，一共举办了 17 届。从 2016 年开始，根据中国自动化学会对机器人竞赛管理工作的要求，原中国机器人大赛暨 RoboCup 中国公开赛中 RoboCup 比赛项目和 RoboCup 青少年比赛项目合并在一起，举办 RoboCup 机器人世界杯中国赛（RoboCup China Open）。原中国机器人大赛暨 RoboCup 中国公开赛中非 RoboCup 项目继续举办中国机器人大赛。中国自动化学会机器人竞赛与培训部开展了中国机器人大赛项目的审查工作，将项目进行了动态调整。在将原有的子项目进行了充分合并的基础上，邀请国内多所知名高校，设置了空中机器人、无人水面舰艇、救援机器人等多项符合机器人发展热点和难点的比赛项目。经过项目调整，中国机器人

大赛的整体水平得到了进一步提升，项目设置更加合理，技术难度涵盖不同层次，对参赛队的锻炼和评比作用更加明显。

由于每年大赛的具体项目都有变动，在此参照 2020 年中国机器人大赛的通知，其比赛项目包括 18 个大类共计 49 个项目，项目的具体规则可以参照网页介绍。具体项目见表 6-3，部分参赛作品实况展示见图 6-7。

表 6-3　中国机器人大赛 2020 年项目

大类	项目
篮球机器人	自主机器人项目
	挑战赛项目
	仿真项目
FIRA 小型组	5 vs 5 项目
	11 vs 11 项目
	仿真组 5 vs 5 项目
	仿真组 11 vs 11 项目
服务机器人	通用服务机器人项目
	超市购物机器人项目
	多人辨识机器人项目
	限定主题项目
	仿真项目

大类	项目
机器人旅游	探险游项目
	寻宝游项目
医疗机器人	送药巡诊机器人项目
	骨科手术机器人项目
武术擂台赛	自主仿人散打项目
	视觉挑战 A 项目
	视觉挑战 B 项目
	体感仿人格斗项目
舞蹈机器人	多足异形项目
	双足人形项目
工程竞技类机器人	车型智能机器人搬运赛
	人形机器人竞技全能赛

（续表 6-3）

大类	项目
助老服务机器人	助老生活服务项目
	助老环境与安全服务项目
水下机器人	水下对抗项目
	水下作业项目
	水中巡游项目
空中机器人	无人机快递赛项目
	无人机目标识别赛项目
	无人机挑战赛 – 仿真组
	无人机巡航挑战赛项目
救援机器人	环境自主建图项目
	越障与搜救项目
中型组仿真赛	—
机器人先进视觉赛（3D 测量和 3D 识别）	—

大类	项目
四足仿生机器人（测试赛）	循迹小型组项目
	快递运送小型组项目
	循迹中型组项目
	越野中型组项目
自动分拣机器人	自动分拣项目
	立体仓库项目
农业机器人	采摘机器人项目
	喷药机器人项目
	授花粉机器人项目
	节水灌溉机器人项目
智能车挑战赛	竞速项目
	越障项目

-7 ◇◇◇◇◇◇◇◇◇
参赛作品实况展示
来源：中国机器人网站

● 6.4 其他机器人相关赛事简介

1）VEX 机器人世界锦标赛

该赛事借助 VEX 教育机器人系列产品，举办的比赛。其公司网址：https://www.vexrobotics.com/，国内比赛相关宣传网址：http://www.istemn.cn/vexworlds。该赛事于 2003 年在美国创办，每年吸引着全球 40 多个国家，数百万青少年参与选拔，角逐参加总决赛的荣誉席位。这是一项旨在通过推广教育型机器人，拓展中学生和大学生对科学、技术、工程和数学领域兴趣，提高并促进青少年的团队合作精神、领导才能和解决问题能力的世界级大赛。针对不同组别有不同等级的竞赛项目。每年获得大赛认可、取得奖项的学生，在申请世界级学府时简历占据更多优势。大量的国家支持，雄厚的企业赞助，使该赛事更具规模性和全球范围的认可度。通过大赛的实践，能够使学生在基本生活技能、合作和批判思维、项目管理和交流等各方面更为成熟，进一步拓宽视野，激发潜能。另外，以 VEX 机器人锦标赛的亚洲区赛事为主的亚洲机器人锦标赛，是由亚洲机器人联盟主办的一项赛事。

2）WER

该赛事是世界教育机器人大赛（World Educational Robot Contest）的缩写，该赛事由“世界教育机器人学会”发起并主办。WER 是一项面向全球 4~18 岁青少年的教育机器人比赛，每年全球有超过 50 多个国家的 50 万名选手参加各级 WER 选拔赛。网址：http://wergame. org /。

3）RoboRAVE

一项由因特尔（Intel）公司主要赞助和支持的国际机器人竞赛，它于 2001 年起源于美国新墨西哥州。在 RoboRAVE 竞赛中，学生需要以团队形式参赛，设计、搭建并用电脑编程控制全自主机器人完成比赛任务。RoboRAVE 官方网址：http://www.roborave.org/，国内合作方青少年国际竞赛与交流中心的 RoboRAVE（Asia）网址：http://roborave.itccc.org.cn/。

4）Botball

BotBall 国际机器人大赛是一项起源于美国麻省理工学院 (MIT) 的教育机器人活动。它最初作为本科学生的课程及竞赛活动出现 (课程代码：6.270)，受到了 MIT 学生的普遍认同和欢迎。由于此项活动的教育特质明显，与美国所推行的科学、技术、工程和数学（STEM）教育理念高度契合，自 1997 年起，BotBall 被推入初高中教育阶段，成为一项以中学生教育为主旨的国际机器人竞赛。Botball 的设计基于美国国家科学教育标准，并紧紧围绕培养科学素养和探究精神而展开，经过 20 年的发展，现今已经成长为

美国乃至国际上具有非凡影响力的青少年教育机器人活动。所有队伍都使用官方提供的同样标准器材进行搭建和编程，每年年初由国际组委会发布当年的竞赛题目。参赛队伍需要以团队的方式完成一项机器人挑战任务，其间队员们需要亲自动手利用官方提供的控制器、驱动器、传感器和结构套件搭建自主机器人（无遥控）。不仅如此，他们还需要完成一系列的工程报告。官方网址：http://www.botball.org/，国内合作方的网址：http://botball.itccc.org.cn/。

5）Robofest

该赛事是美国劳伦斯科技大学主办的国际机器人竞赛项目，融合了教育性、科技性以及国际化，是一场独具自身特色的竞赛和活动盛事，距今已有 20 年历史。官方网址为 https://www.robofest.net/，国内网址：http://www.robofest.cn/。Robofest 要求学生独立设计制作机器人，挑战自我，并鼓励学生创新、创意、创造，激发出他们对自然科学、工业技术、工程、数学（STEM）以及计算机、信息通信技术（ICT）自发的兴趣及热忱。比赛分少年组（3~8 年级）、青年组（9~12 年级）以及大学组。自 2000 年以来，超过 18 000 名学生参加了 Robofest。

6）*FIRST* ® LEGO ® League：*FIRST* ® LEGO® League（FLL）是美国FIRST非营利性机构与乐高集团组成的一个联盟组织。由发明家迪安・卡门（Dean Kamen）创立的 FIRST (For Inspiration and Recognition of Science and Technology，对于科学与技术的灵感与识别)，其目的是激发青少年对科学与技术的兴趣。FLL是一个针对9~16岁孩子的国际比赛项目，每年9月份，FLL向全球参赛队伍公布年度挑战项目，这个项目鼓励孩子们用科学的方式去调查研究以及自己动手设计机器人。孩子们使用乐高机器人（LEGO Mindstorms）和乐高积木在辅导员的指导下为机器人进行设计、搭建、编程工作来解决现实世界中的问题，赛季的高潮是举办一个运动会式的比赛。FLL网址：http://www.firstlegoleague.org/，国内的网址：http://www.firstchina.org.cn/。

7）中国青少年机器人竞赛

该赛事创办于2001年，是中国科协面向全国中小学生开展的一项将知识积累、技能培养、探究性学习融为一体的普及性科技教育活动。中国青少年机器人竞赛从最开始的一个竞赛项目，一直到2016年整合为现在的机器人综合技能比赛、FLL机器人工程挑战赛、VEX机器人工程挑战赛、机器人创意比赛和教育机器人工程挑战赛（原WER工程创新赛）五个竞赛项目，集知识性、竞技性、趣味性为一体的竞赛一直吸引着广大青少年。官方网址：http://robot.xiaoxiaotong.org/。

8）中国教育机器人大赛

曾经冠名为“能力风暴杯”和“未来伙伴杯”，始创于2000年，是国内历史最悠久、比赛项目最多的综合性机器人赛事。该赛事是世界机器人竞赛冠军的摇篮、机器人比赛新项目的试验场，诞生过中国第一个机器人竞赛世界冠军，诞生过第一个中国创造的国际机器人比赛赛制。官方网址：http：//www. ercc.org.cn/。

9）国际机器人奥林匹克竞赛（IRO）

该项赛事于1998年创立，是由韩国的国际机器人奥林匹克委员会（International Robot Olympiad Committee，IROC）每年举办的国际性机器人比赛。1999年开始第一届国际机器人奥林匹克大赛，至今已经举办了20届比赛。比赛分为竞赛与创意两大类，竞赛类比赛中各组别必须建构机器人和编写程序来解决特定题目，创意类比赛中各组别针对特定主题自由设计机器人模型并展示。官方网站：https://www.iroc.org/。

10）世界机器人奥林匹克竞赛（WRO）

2003年11月，由中国、日本、韩国和新加坡等国家发起并成立了WRO世界青少年机器人奥林匹克竞赛委员会，希望通过主办一年一度的WRO世界青少年机器人奥林匹克竞赛活动，为国际青少年机器人爱好者提供一个共同的学习平台。WRO世界青少年机器人奥林匹克竞赛委员会现有五十多个成员国，至今成功举办过十六届，成为了每年一度的世界青少年科技文化交流盛会。国内的网址：http://www.wroboto.cn/。

11）机器人格斗大赛（Battle Bots等）

该类大赛最早由英国电视台在1997年打造，节目名称为《Robot War》。1999年，美国开启了机器人格斗大赛电视节目，名为《Battle Bots》。2010年，日本R1机器人格斗大赛举行。2018年，浙江卫视把机器人格斗比赛引入国内荧屏，节目名为《铁甲雄心》。2019年10月25—27日，在杭州举办了中国智能机器人格斗大赛。

6.5 其他新型赛事

国家自然科学基金委员会共融机器人重大研究计划网站公布了2018年“世界机器人大赛–共融机器人挑战赛”比赛方案，此外，还有省级机器人大赛、市级机器人大赛、企业组织的各种机器人赛事等。2019年10月19日，中国高等教育学会工程教育专业委员会联合浙江大学机器人研究院首次发布“全国高校机器人竞赛创新指数”，指数共采集了18项高校机器人相关竞赛，其中本科14项，高职4项。

需要说明的是，本章只列出了部分正在举办的各类机器人比赛，具体哪一类竞赛更适合自己，还要根据参赛人员自身的知识储备和兴趣等，进行仔细地选择。

第七章

机器人与我们一起走向未来

7-1

千机器和人类医生的“读
大战”的结果图
来源：百度

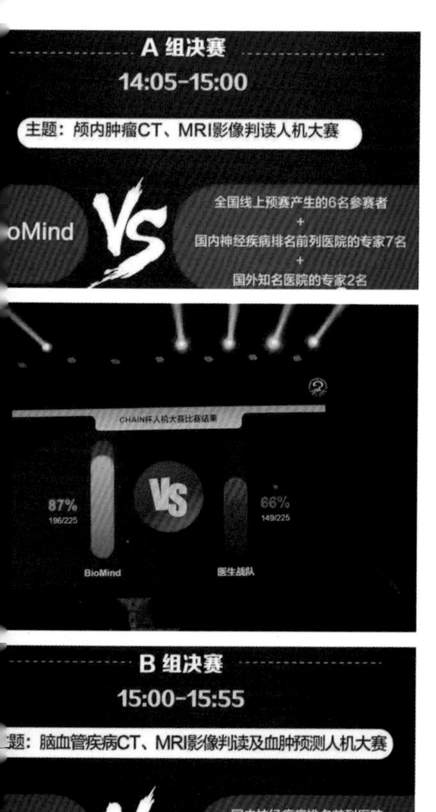

机器人离我们越来越近了，因为它已经从古代的玩偶发展成为近代的自动化工具，逐渐进入到现代家庭服务领域。同时，机器人跟我们也越来越像了，从机械的模仿到自主学习，再到主动交流。无论是从科学技术的自然进步趋势，还是人类自身发展的需求，机器人都毫无疑问地会陪伴着我们一起走向未来。

事件一：全球首场神经系统医疗影像人机大战

说明：越来越多的事实证明，面向特定领域或者单一的任务，机器人可以做得比人类更好。

2018 年 6 月 29—30 日，一场机器人和人类医生的“读片大战”在北京国家会议中心展开。这场比赛由国家神经系统疾病临床医学研究中心、首都医科大学人脑保护高精尖创新中心和中国卒中学会联合主办，是全球首场神经影像人工智能人机大赛（图 7–1）。

经过紧张激烈的角逐，在两轮“读片大战”比赛中，“BioMind 天医智”分别以 87%、83% 的准确率，战胜医生战队 66%、63% 的准确率。值得一提的是，两轮比赛“BioMind 天医智”均仅用 15 分钟左右的时间便答完所有题目，而医生战队几乎答到

30 分钟时限的最后一秒。

患者的整个诊断过程一般包括问诊、体检、化验、检查。读片只是检查这个单个环节。不久的将来，机器人势必在诊断和治疗全过程，而不仅仅是读片单个环节，超越人类。

人类医生会失业吗？医疗界有句名言：“有时是治愈，常常是帮助，总是去安慰。”（To Cure Sometimes, To Relieve Often, To Comfort Always）也许机器在治愈和帮助方面，确实比人类医生更精准，但是患者需要关怀、需要安慰，医生提供的“话疗”，哪怕是无声的一个眼神，机器都很难替代人类医生。

不用担心机器在临床技术方面超越人类，历史经验表明，机器会取代人类完成繁琐的工作，人类腾出手去完成更精巧的工作。

事件二：“ATRIAS”足式机器人可以像人一样动态变换脚步行走，“TORO”实现了在多种路面情况的动态步行。

说明：在结构和功能上，机器人也越来越靠近人类的水平。

最近，美国加利福尼亚大学伯克利分校和卡内基梅隆大学，展示了“ATRIAS”足式机器人能够在随机变换的障碍地形中行走的过程：尽管踏脚石高度和之间的宽度随机变化，但“ATRIAS”可以像人类一样行走，完美跨越（图 7–2）。2019 年 10 月 22 日，德国宇航中心（DLR）机器人与机械电子研究所发布了拟人机器人“TORO”的最新视频（图 7–3），该机器人可以灵活通过草地、碎石路面和海绵床垫，脚部的结构也更加接近人类。

图 7–2 ◇◇◇◇◇◇◇◇◇◇◇
“ATRIAS”足式机器人在随机障碍中行走的实验情况
图片来源：百度

7-3 ◇◇◇◇◇◇◇◇◇◇◇◇
TORO”双足机器人在多
复杂路面上平稳通过
片来源：百度

机器人的设计者们还在持续努力让机器人在行走上更接近人类，虽然，人类并不是自然界中最灵巧的。从“机器”的角度看，机器人会越来越像人。

事件三：无人车事故频出，机器与人谁更靠谱

说明：将“机器”和“人”完美结合，是一个复杂的任务，必定是任重道远。

1）44 天内无人驾驶汽车两次被撞，虽然不是自动驾驶系统的错！

据美国广播公司（ABC）15 频道报道，2018 年 6 月 16 日晚上 10 点左右，美国亚利桑那州梅萨（Mesa）发生交通事故，一辆汽车在乡村俱乐部大道南行驶时，遇红灯没有停车，直接撞上对向谷歌公司的“Waymo”，随后又撞上 3 辆私家车，一共 5 辆车辆卷入这起车祸。之前的 5 月 5 日，“Waymo”在美国亚利桑那州的钱德勒市发生了一起车祸，车内前置摄像头的视频显示了“Waymo”的自动驾驶汽车正处在正常行驶状态，另一条车道上的本田轿车可能是为了躲避从路口驶出的车辆，几乎正面撞向自动驾驶车辆（图 7–4）。两起车祸中，自动驾驶功能都是关闭的。

2）苹果公司的一辆处于自动驾驶模式的测试车被追尾

据美国消费者新闻与商业频道（CNBC）网站报道，苹果公司的自动驾驶汽车事故发生在 2018 年 8 月 25 日上午 6

点 58 分，地点是在圣克拉拉市，位于库比蒂诺的苹果公司总部附近。当时苹果公司正在进行自动驾驶技术测试，测试车型为改装的雷克萨斯 RX450h，正准备从基弗路并入劳伦斯快速路时被追尾。一辆 2016 款日产聆风（Leaf）轿车为了躲避行人，以大约每小时 24 千米（约 15 英里）的速度与苹果公司的测试车相撞。当时，苹果公司的测试车正以不到每小时 1.6 千米（1 英里）的速度行驶，等待一个合适时机并入劳伦斯快速路。两辆车均受损，但双方均未报告有人受伤（图 7–5）。

思考：如果是开着自动驾驶功能，“Waymo”能够躲过这两次的被撞吗？开着自动驾驶功能的苹果公司测试车如何躲开直接撞过来的汽车？如果将来都是自动驾驶的车辆，还是不是继续存在这种突然撞过来的车辆？

作为一本科普类的图书，编者在此不做任何其他的预判和推测，只是用三个近年来发生的真实事件，描述了三种现象，供大家思考和研判。

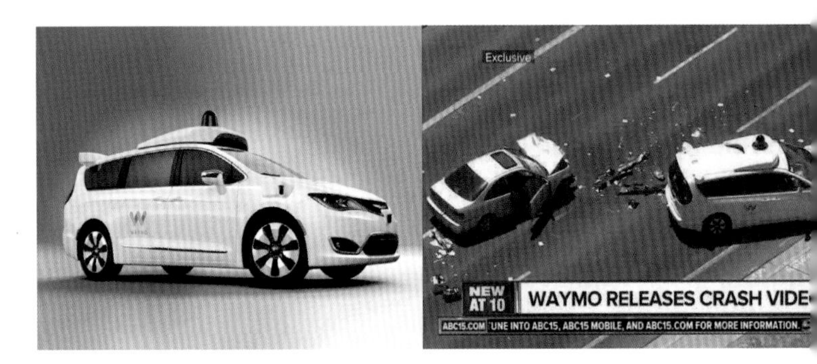

图 7–4

谷歌公司的“Waymo”自动驾驶汽车及车祸现场图

图片来源：百度

图 7–5

苹果公司的自动驾驶汽车及车祸现场图

图片来源：百度